한국의 마지막 표범

기획·편집: 이 항(인간동물문화연구회, (사)한국범보전기금)

감수: (사)한국범보전기금, 윤열수(가회민화박물관)

감사의 글: 본 저서는 2012년 정부(교육부)의 재원으로 한국연구재단의 지
　　　　　원을 받아 수행된 학제간 융합연구 과제(NRF-2012S1A5B6034265;
　　　　　인간동물문화연구)의 일부 지원으로 저술 되었음으로 이에 감사의
　　　　　뜻을 표합니다.

교정에 도움 주신 분: 이서진, 현지연, 송의근, 전수원, 이선미(한국야생동물유
　　　　　　　　　　전자원은행)

한국의 마지막 표범

엔도 키미오 지음 | 이은옥 · 정유진 옮김

이담
Books

한국어판 출간에 부쳐

일찍이 한국에 표범이라는 동물이 있었다.

필자는 마지막일지도 모르는 두 마리의 표범에 대해 취재할 수 있었다. 1962년 소백산맥 오지의 마을에서 사냥꾼의 덫에 걸린 한 마리는 서울에 있는 동물원으로 옮겨져 12년간 사육되었다. 표범이 잡혔던 마을은 가난하지만 현대 문명에서는 더 이상 찾아볼 수 없는 무언가를 간직한 곳이었다. 표범을 잡는 도중 큰 상처를 입은 사람도 나왔다.

나머지 한 마리 역시 소백산맥에서 발견되었는데 청년 네 명과 한 마리의 개에 의해 잡힌 것이었다. 나는 에밀레미술관 조자용 관장의 안내로 그들을 만나고 표범의 사진도 볼 수 있었다. 조 관장은 호랑이나 표범이 뜻있는 자를 돕는다고 몇 번이나 얘기했다. 북한 출신인 그는 호랑이와 표범을 수호신이라 믿는 사람이었다.

이후로 한국에서는 표범에 대한 기록이 사라졌다. 극동아시아에서 표범은 호랑이보다 찾기 힘든 존재가 되어 버린 것이다.

덧붙여, 한국의 마지막 호랑이는 1922년 경주에서 일본인 순사에 의해 사살되었다. 필자는 이 수컷 호랑이에게 중상을 입은 농부와 만나 사진을 찍고, 당시의 체험에 대해 기록했다. 또한 조선총독부가 조직적으로 호랑이와 표범 등을 구제(驅除)한 사실을 밝혀, 1986년 일본에서『한국 호랑이는 왜 사라졌는가?』라는 책을 집필하였고, 2009년 한국에서도 동명의 책으로 번역, 발행되었다..

엔도 키미오

목　차

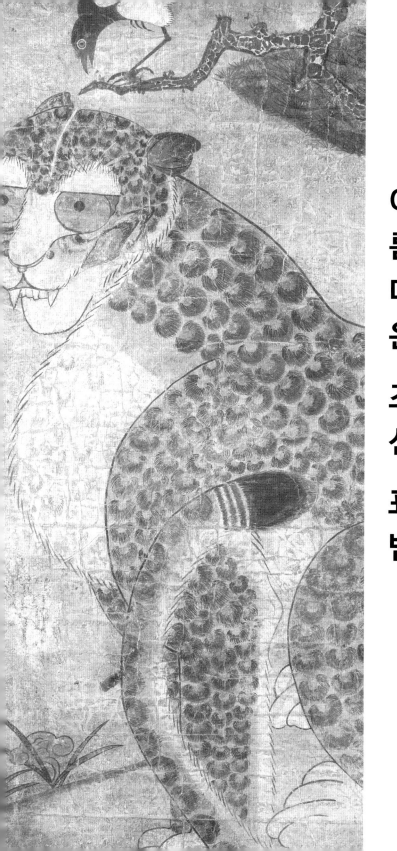

제 1 장

아 름 다 운 조 선 표 범

서울 동물원에서의 사육

표범만큼 아름답고 위험한 동물은 없을 것이다.

바로 그 표범이 1962년 2월 12일, 한국의 경상남도 합천군(陜川郡)에서 사로잡힌 적이 있다.

합천군은 한국의 남부지방에 솟아오른 소백산맥의 마을이며, 인근에는 가야산국립공원이 있다. 가야산(해발 1,430미터)은 8대 경승지의 하나인 해인사를 품고 있는 험한 바위산이다. 해인사에는 세계에서 가장 오래된 경전인 팔만대장경이 있는데, 현재 세계문화유산으로 지정되어 있다.

서울 창경원까지 트럭으로 운송된 표범은 그곳에서 12년간 사육되었다. 나는 사육장에서 허리를 늘어뜨리고 있는 표범의 사진을 보고 탄성을 질렀다.

"이것이 조선의 표범이란 말인가, 이런 기품이라니!"

조선의 표범은 열대지방의 표범에 비해 훨씬 덩치가 크고 털이 많았다. 넓은 이마와 조금 작아 보이는 귀, 두꺼운 입술에 은빛의 수염을 갖고 있었으며, 앞발은 크고 다부졌다. 전체적으로 담황빛을 띠는 가운데, 가슴 부분은 희고 머리에서 등까지 짙은 갈색이 퍼져 있다. 그 위에 표범 무늬가 드러나는데 특히 등과 몸 옆쪽에는 커다란 매화 무늬가 있었다.

한국의 호랑이에 대해서는 잘 알고 있었지만 표범의 존재는 전혀 접하지 못한 사실이었다. 형님뻘 되는 호랑이가 너무 유명해서 눈에 띄지 않은 까닭이다. 표범은 호랑이에 비해 신비주의를 가진 동물이다. 그 눈만 보더라도 고양이과 동물 특유의 신비스러운 빛을 띠고 있지 않은가. 살아 있는 모습을 보았으면 좋았을걸……라고 탄식을 했다.

한국의 마지막 호랑이

잠시 화제를 돌려 한국의 마지막 호랑이에 대해 이야기해 보겠다. 그 수컷 호랑이는 1922년 10월, 관광지로 유명한 경주시의 대덕산에서 사살되었다. 호랑이는 나무를 하러 갔던 김유근 씨를 습격해 중상을 입혔고, 스물여섯 살이었던 농부 김 씨는 동료들에 의해 겨우 구조되어 살 수 있었다.

이러한 이유로 일본인 경주경찰서장의 지휘 아래 몰이사냥이 시작되었고, '미야케요조우(三宅与三)'라는 일본인 순사가 사살

했다는 사진도 증거로 남아있다. 체중 153.75킬로그램(461관)의 무척이나 훌륭한 호랑이었다.

호랑이는 한국 생태계의 정점에 있는, 모든 동물의 최상위에 군림하는 왕이었지만 한국이 일본의 식민지가 되고 십 년 후에 이곳에서 멸종했다. 통탄을 금치 않을 수 없는 일이다.

대덕산의 호랑이가 사살된 지 40년 후, 합천군에서 표범이 사로잡혔다. 이 표범의 죽음으로 한국에서 표범이라는 존재는 환상이 되었다. 표범의 사진을 보고 있노라면 한국이 생각나서 좀이 쑤셨다. 표범이 살던 소백산맥은 그 후에 어떻게 변했을까?

아시아의 동북부에 위치한 한반도는 그 모습이 마치 서 있는 호랑이를 연상케 한다. 면적은 22만 제곱킬로미터, 호랑이의 코 부분을 경계로 좌우로 흐르는 압록강과 두만강은 중국과의 경계이며 오른쪽 앞다리는 러시아와 접해 있다. 코끝에 최고봉인 백두산(2,744미터)이 위치하고, 호랑이의 척추에 해당하는 한반도의 동쪽에는 남북으로 웅대한 태백산맥이 자리 잡고 있다. 북쪽에서부터 금강산, 설악산, 오대산, 태백산 등 1,500에서 1,700미터에 달하는 바위산들이 우뚝 솟아 있다.

태백산맥은 한반도의 중추라고 할 수 있는데, 이곳에서 서해만을 향해 세 갈래의 산맥이 뻗어 나간다. 위에서부터 광주산맥, 차령산맥, 소백산맥이라 부른다. 문제의 소백산맥은 호랑이의 뒷다리 부분이며, 다른 산맥에 비해 커다란 산들이 많다.

그중 하나인 지리산은 한국 최대의 국립공원으로, 세 개의 도(道)가 만나는 곳이다. 최고봉은 1,915미터, 표범이 남아 있을지도 모른다는 소문이 있다. 산장 관리인이 눈 위에서 발자국을 봤다거나 이상한 울음소리를 들었다지만 사진같이 확실한 증거는 없었다.

표범을 연구하는 사람이 없다!

한반도의 포유류에 대해 살펴보니 호랑이나 표범 이외에도 반달가슴곰, 늑대, 스라소니, 삵 등의 식육류와 멧돼지, 사슴, 산양, 노루, 고라니, 사향노루 등의 우제류가 기라성처럼 분포하고 있었다. 그러나 이것은 한국전쟁 이전의 상황이다.

나는 표범에 대한 것을 알아보고 싶어서 표범 생포 당시의 자료를 얻기 위해 1975년 여름에 창경원을 방문했다. 사무실에서 책임자를 찾으니,

"표범을 잡은 기록이요? 글쎄……. 없을걸요. 여긴 전쟁으로 폐허가 됐던 곳이라 이제 겨우 재건된 상태라서요. 자료는 죄다 불타 버렸지요. 그런데 당신, 동물학자나 도쿄 대학의 교수라도 됩니까? 아니라고요? 그럼 일본인이 대체 뭐 하러 표범에 대해 조사를 하는 겁니까, 이런 때에."

가시 돋친 말투에 나는 당황했다.

그해 봄, 한국에서는 비무장지대의 철조망 밑으로 북한군이

뚫어놓은 두 번째 땅굴이 발견된 상태였다. 레일을 깔아 단시간에 기동부대가 이동할 수 있는 대규모의 땅굴이어서 여전히 남침을 노리는 김일성의 야심이 드러난 한국 사회에는 긴장감이 극에 달하던 시기였다.

그러나 내가 저자세로 물고 늘어지며 버티자 사무실 측에서는, 표범을 잡아온 사람에게 30만 원이라는 큰 상금이 지불되었다는 사실을 알려주었다. 또 한 가지 확실히 알 수 있었던 것은 한국에 표범을 조사하고 있는 사람이 전혀 없다는 점이었다.

─ 따오기나 황새만큼 멸종에 임박한 표범에 대해 연구하는 사람이 하나도 없다니, 이게 어찌 된 일이지? 그래서 나는 우선 한반도의 호랑이와 표범이 포획된 수를 조사해 보기로 했다. 서울대학교의 서고에는 일제강점기 시기에 작성된 「조선총독부 통계연표」가 보존되어 있었다. 해당 경찰 부서를 찾아 1919년부터 1942년까지 띄엄띄엄 작성된 숫자를 더해 본 나는 그 수에 경악했다. 호랑이가 97마리, 표범은 무려 624마리에 달했다.

이 때에 대체 무슨 일이……. 일본은 조선을 개발한다는 명목하에 호랑이와 표범 등을 해수(害獸, 인간에게 해를 끼치는 짐승)로 지정하고, 관청과 마을 사람들을 동원해 죽여 없앤 것이다. 호랑이보다 표범의 수가 훨씬 많았다. 그러나 이것은 18년간의 기록일 뿐, 일제강점기는 36년 동안이었으니 통계에 포함되지 않은 구제 기간까지 합치면 실제 수는 이를 훨씬 상회

할 것이 분명했다.

아시아에서 사라져 가는 동물들을 보고 애석한 마음과 함께 동물 작가인 나의 호기심을 일으켰다. 표범이 잡혔던 마을을 찾아가 보고 싶었다. ─ 어쩌면 아직 표범이 남아 있을지도 모른다는 생각이 들었다.

서울에 있는 경희대학교 생물학과의 원병오(元炳旿) 교수에게 표범이 포획된 마을의 탐방에 대해 문의했다. 원 교수와는 1950년대의 청년 시절부터 우정을 나눈 사이였다.

원 교수는 한국조류연구소장으로, 국제자연보호연맹 위원이며 아시아의 훌륭한 조류학자다. 북한 출신이지만 한반도가 한국전쟁으로 혼란했던 시기에 월남하여 고생 끝에 홋카이도 대학의 학위까지 취득한 사람이었다. 어떤 일에도 흔쾌히 도움의 손길을 건네는 사람이었는데 이번만은 달랐다.

"깊은 산속인데다가, 정말로 가기 힘든 곳이에요. 교통편이 제대로 된 것도 아니고, 숙박시설도 여의치 않은데 며칠이나 걸릴지 모르잖아요. 일본 사람에게는 힘들 거예요."

내가 포기하지 않을 것처럼 보였는지 풍채 좋은 원 교수의 말이 점차 빨라졌다. 1945년 광복 당시 중학교 3학년이었던 원 교수는 일본어에 능숙했다.

"가는 도중의 식사는 어떻게 해결할 겁니까? 식사를 만들고 짐을 나를 인부들을 데려가지 않으면 그런 곳의 조사는 불가능해요. 거기까지 차가 들어갈지 어떨지…… 그것보다도 표범이 잡힌 마을 이름도 모릅니다. 동물원에서도 경상남도 합천의

오도산과 가야마을

산골이라는 것밖에 모른다지 않습니까. 그만 포기하세요."

군수의 보고

표범이 잡혔던 마을은 아무래도 히말라야의 오지 같은 곳이었던 것 같다. 원 교수가 경상남도 합천군의 관청에 표범의 포획 정황에 대해 문의했다고 나에게 전해 주었다. 그러나 아무리 기다려도 답변은 오지 않았다. 다시 한 번 연락을 취하며 이번에는 원 교수가 대학 공문서를 작성해 보내자 1981년 1월

9일, 합천군의 군수로부터 회신이 도착했다.

드디어 한국 표범에 관한 생생한 정보를 얻게 된 것이다!

1. 경상남도 합천군 묘산면 산제리 가야마을 785번지에 사는
   농부 황홍갑(黃紅甲, 64세)은 1962년 노루를 잡을 목적으
   로 마을 뒤에 위치한 오도산에 덫을 놓았는데 같은 해 2
   월(음력 1월 7일), 표범 한 마리가 걸렸다. 급히 산을 내
   려가 아들인 황석훈을 불러 함께 표범을 포획해 집으로
   돌아간 후, 서울의 창경원에 기증했다.
2. 당시의 문교부문화재관리국장인 문운국이 1962년 3월 5일
   에 제24호 감사장과 상금 30만 원을 수여했다.
3. 현재 황홍갑 씨는 중병으로 자택에서 요양 중이다. 황홍갑
   씨의 아들인 황석훈은 1970년 교통사고로 사망했다(당시
   27세).

이상

호기심에 불이 확 붙는 순간이었다. 경상남도는 부산을 포함
한 한국의 남동부 지역을 말한다. 지도를 찾아보니 합천군은
낙동강이라고 하는 큰 강의 상류에 위치하며 도로가 놓여 있
는 곳이어서 험한 산악 지대는 아닐 터였다. 그곳에 틀림없이
만고불변의 원시림이 남아 있을 것이다.

게다가 '가야'라, 이 얼마나 유서 깊은 이름인가. 먼 옛날 한

반도가 통일되기 이전 고구려, 백제, 신라 삼국이 번영했을 당시에 있던 소국 중 하나의 이름이 '가야국'이다. 혹시 이 마을은 크고 오래된 곳이 아닐까? 마치 왕의 무덤이라도 남아 있을 것 같은 마을 이름이었다.

"봄이 되면 같이 현지에 가보고 싶군. 자네 사정을 알려 주게. 마을까지 가는 길이라든가, 숙박에 관한 것도 함께."

나는 뛸 듯한 기분으로 원 교수에게 이야기했다. 표범을 잡았던 사람들을 어서 만나고 싶었다.

휴전상태의 한국

마을 사람들은 노루를 잡기 위해 대체 어떤 덫을 설치한 것일까?

나는 아시아 변경에서 수렵생활을 하는 사람들에게 무한한 동경을 품고 있다. 하늘에는 날짐승, 땅에는 들짐승, 냇가에는 물고기가 넘쳐나던 시대. 야생적이지만 결코 야만적이지는 않으며 조용히 자연과 공존하던 그때.

러시아 연해주의 원주민을 보면 현대인이 잃어버린 신비한 생명력을 가지고 있는 것을 알 수 있다. 자연을 사랑한 러시아 탐험가 아르세니에프는 원주민 이름을 딴 『데르수 우잘라』라는 책을 썼고, 데르수에게 매료당한 일본의 쿠로사와 아키라

감독은 그것을 영화화하여 큰 반향을 일으킨 적이 있다. 한반도의 변방에도 데르수 같은 사람들, 즉 원주민이 있던 것은 아닐까.

회신에서는 황홍갑 씨가 많이 아프다고 했다.

그 아들은 죽고 본인은 중병이라니, 사냥법을 물어볼래도 물어볼 수가 없을 것 같았다. 원 교수에게 가는 김에 황홍갑 씨 댁을 들러보고 싶다고 물어봤으나 돌아오는 대답은 실망스러웠다.

"현재는 고속국도가 개통되어서 옛날처럼 불편하지는 않습니다. 차로 그 마을 근처까지 가는 건 가능하겠죠. 하지만 제가 학교 스케줄 조정이 불가능하고, 모스크바 국제조류학회의 발표논문에 쫓겨 시간이 없습니다. 사정 좀 봐주세요."

원병오 교수는 조류 전문가라 현장조사가 많아서 주말도 없다고 했다. 그래서 나는 혼자서라도 가보고 싶다는 편지를 썼다. 그러자 만류하는 말이 돌아왔다.

"엔도 씨가 혼자 그 마을을 방문하는 것은 안 될 일이에요. 한국은 지금 북한 때문에 긴장이 고조된 상태입니다. 이런 때에 일본인이 산골 마을에서 태평하게 표범이나 찾는다고 하면 현지 관청에서는 도저히 이해 못 할 겁니다. 예측하지 못한 일이 발생할 우려도 있고요."

긴장이 고조되었다는 것은 현재 한국이 준(準)전시체제임을 뜻하는 것이었다. 한국은 전 국토에 계엄령을 선포한 상태였고, 밤 12시 이후에는 시민의 외출을 금지했다. 북한 공작원의 침입에 대비하기 위해서라고 설명했다. 서울의 밤거리는 마시러 나왔다가도 그 시각이 가까워지면 돌아가는 택시를 잡으려는 사람들로 어수선해, 모처럼의 취기마저 풀릴 정도였다. 도로는 다음 날 아침 4시까지 군대에 의해 쇠파이프 바리케이드로 봉쇄되었다.

실제로 1968년 1월에 북한 무장공비가 청와대를 습격한 사건이 발생했다. 휴전선을 뚫고 침입한 31명의 북한군이 박정희 대통령의 암살을 계획해, 관저 수백 미터 안까지 접근하는 와중에 민간인 다섯 명과 경찰관 한 명이 사망한 것이다. 격렬한 총격전이 벌어지고, 한 명을 제외한 침입자 전원이 사살됐다.

사라진 야생의 흔적

크고 작은 사건에도 서울의 거리는 작은 지붕들이 늘어서 있던 빈민가의 모습은 사라지고, 한강 주변을 중심으로 고층 건물이 들어섰다. 군사독재정권을 바탕으로 한 박정희 대통령은 전화(戰火)의 흔적을 수복하는 일에도 성과를 거두며, 한강의 기적이라고 불리는 경제부흥을 이루었다.

박 대통령은 1979년 10월 26일, 관저에서 술자리를 갖던 중 총에 맞아 사망했다. 범인은 KCIA(대통령 직속 정보기관)의 부장이며 대통령의 심복이었다. 한국에는 어두운 그림자가 드리워져 있었다. 마을 탐방은 아직 시기상조라고 생각했다. 나는 황홍갑 씨의 회복을 기원하며 천천히 일을 진행해 갔다.

이 무렵의 일본은 열도 개조를 외치는 정치가에 의해 발이 닿는 곳마다 개발이 진행되고 있었다. 중화학공업의 발달로 농약의 활용이 확대되어 산과 바다, 강의 환경이 악화되고 따오기나 황새뿐만 아니라 송사리에서 반딧불이, 잠자리마저 자취를 감추었다. 그들이 사라진 것은 자연으로부터의 경고였으나 정권을 손에 쥐고 있는 자들은 자연 파괴에 대해 조금도 신경 쓰지 않았다.

일본뿐만 아니라 한국과 중국도 선진국의 뒤를 이어 자연을 마구잡이식으로 개발하고 있지 않은가. 상황이 이렇게 되니 초조한 마음에 한국의 야생을 어서 들여다보고 싶은 심정이 커져만 갔다.

1981년 말, 길었던 심야통행금지령이 풀렸다. 88서울올림픽 개최가 결정되자 한국은 급격히 밝은 분위기로 변모해 갔다. 머지않아 대규모 개발이 시작되겠지.

나는 고속버스에 오른 채 이제 막 생겨난 경주-광주 간 고속국도 제9호선(제12호선으로 변경됨, 88올림픽 고속국도)을 통해 동경하던 소백산맥을 횡단했다. 가야산 휴게소에서 그 유명한 해인사가 있는 가야산 봉우리가 깜짝 놀랄 만큼 가까이에 있는 것도 볼 수 있었다. 표범이 포획된 마을은 합천군에서 국도의 남쪽에 위치하고 있었다. 해인사를 찾아가며 주변에 있는 깊은 원시림에 감탄했다.

산 너머 하늘 멀리…… 꾸물거리며 동경만 해서는 표범의 자취가 사라져 버리고 말 것이다.

"황홍갑 씨가 아직 건강했으면 좋겠는데."

나는 원 교수에게 부탁해 결국 경남대학교의 함규황(咸奎晃) 교수에게 안내를 받게 되었다. 함 교수는 원 교수의 제자였다.

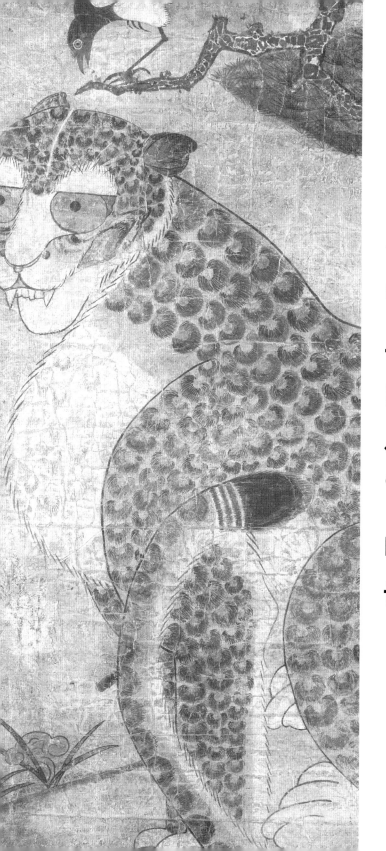

제 2 장

비경에 둘러싸인 마을

소백산맥 두메 마을로

1985년 2월 7일, 한국의 남단에 자리한 경상남도 마산시에서 맞이하는 아침은 7시인데도 아직 어둑했다. 하늘이 바다에서부터 밝아오고 있었다.

호텔 앞에는 흑갈색의 대형 지프를 가져온 함 교수가 기다리고 있었다. 옆에는 안경을 쓰고 호리호리한 몸집을 가진 남자도 함께였다. 그는 경남대학교에서 통역으로 추천해 준 일본어과 3학년생 백규현이라고 했다. 그리고 아들의 통역을 염려한 백 군의 어머니, 김 씨가 회색 외투를 입고 동행한 상태였다. 함 교수는 격식을 차린 말투로 인사했다.

"그럼, 표범이 포획되었던 합천군 묘산면 가야마을로 출발하겠습니다."

함 교수는 다부진 몸에 콧날이 곧은 호남형 얼굴이었다. 입고 온 검은 와이셔츠와 붉은색 넥타이가 잘 어울렸다. 40대 중

반이지만 머리가 짧아서인지 더 젊어 보였다. 함 교수는 경남 대학교에서 생물학과를 담당하고 있으며, 전공은 조류학이고 한국의 천연기념물인 크낙새 연구로 학위를 취득했다. 경상남도 문화재 위원, 한국 자연보호협회 학술위원을 겸임하고 있었다.

함 교수는 일본어를 하지 못했다. 대학생인 백 군이 창백한 얼굴로 혼잣말을 하듯 웅얼웅얼 통역을 했다. 소심한 성격인 것 같았다. 백 군의 어머니는 무언가 이야기하고 싶어하는 얼굴 이었다. 그녀는 일본에서 오랜 기간 생활해 일본어가 능숙했다.

일행이 넷이라 나는 운전을 하는 함 교수의 뒷좌석에 백 군의 어머니와 나란히 앉았다. 미군이 사용하던 6인승 지프라 자리는 넉넉했다. 디젤엔진 달린 트럭 같은 소리를 내면서 차가 출발했다.

그 전날 경남대학에서 함 교수와 상의할 때, 지프로 이동할 경우 묘산면 산제리까지 오후에는 도착하리라 예상했었다. 그러나 가야마을에 차가 들어갈 수 있을지가 문제였다. 50,000:1 비율의 지도에도 나와 있지 않은 마을이라 차 없이 한두 시간 걸어 들어가는 것은 각오해야 한다고 했다.

"지도에도 없다니……, 가야마을이야말로 한국에 남아 있는 비경(秘境)이군요."

"물론입니다. 표범도 출몰하는 마을이니까요."

함 교수는 긴장한 표정으로 고개를 끄덕였다. 표범 마을의 탐방이 점점 확실해지고 있었다. 염원이 이루어진다고 생각하니 온몸이 희열에 들떴다.

함 교수가 달리는 지프의 핸들을 잡은 채 물어왔다.

"호랑이와 표범은 한국전쟁 때 미군의 남획으로 사라졌다고 알려져 있는데, 그것보다 오래전에 멸종한 건가요?"

"네, 대부분 한국전쟁 훨씬 이전에 멸종했죠."

나는 전쟁 전에 포획된 호랑이와 표범의 기록을 발견한 경위에 대해 이야기했다. 총독부가 남겨 놓은 경찰 자료에서 해수 구제 수를 찾아낸 일 말이다.

한 나라의 상징이 사라져 가는 일에 대한 이야기를 할 때면, 언제나 우울했다. 내 이야기를 듣고 사람들의 분위기가 숙연해졌다.

통통하고 흰 피부를 가진 백 군의 어머니는 오십 대쯤으로 보였다. 폐를 끼치게 되어 미안해서인지 계속 미소를 지으며,

"아들이 말이죠, 어제 학교에서 돌아왔는데 얼굴이 하얗게 질려서는 내일 일본의 유명한 작가님 통역을 맡게 되었는데 자신이 없다고 한숨만 쉬더라고요. 그래서 '내가 같이 가줄까' 하고 참견을 하게 됐는데 폐가 되는 건 아닐지……"

나는 당황해서 유명한 작가는 아니라며 손사래를 쳤다. 무엇을 숨기랴, 나는 잘 팔리는 작가가 아니었다.

백 군의 어머니는 교토에서 오랫동안 살다가 광복 후에 남편의 고향인 마산시로 옮겨 왔다. 남편은 기계공이고 다섯 아이들 중 네 명은 독립한 상태이며, 지금은 막내인 백 군과 함께 셋이서 살고 있다고 했다.

새마을운동

　인구 40만의 도시 마산은 부산에서 서쪽으로 50킬로미터 남짓한 곳에 위치하며 남해안이 깊이 들어온 마산만이 근처에 있다. 하얀 화강암에 에워싸인 좁고 긴 만이 호수처럼 보이는 가운에, 화물선 사이로 많은 어선들이 뿌옇게 보였다.

　마산은 부산 다음가는 항구였지만 지금에 와서는 거대한 석유화학공업단지가 되어 많은 공장이 들어서고 젊은 노동자들이 자전거나 도보로 출근하는 곳이었다. 이곳에 진출해 있는 102개의 외국계 기업 중 92%는 일본 자본으로 세워졌다고 한다. 공장 때문에 마산만(灣)이 오염되고 있다는 안타까운 이야기를 들었다.

　우리는 부산-광주 간에 놓인 남해고속도로를 타다가 7호선으로 들어와 북쪽으로 향했다. 한국 제3의 도시인 대구로 가는 도로였다. 포플러 가로수길 주변에는 자동차가 드물어서인지 지프는 붕붕 소리를 내며 마치 나는 것처럼 달려갔다. 시야 양쪽으로 전원지대가 펼쳐지며 비닐하우스가 늘어서 있는 것이 보였다.

　작은 마을 여러 곳을 지나쳐 갔다. 한국에서는 어디를 가나 '새마을운동'이라는 캠페인이 전개되고 있었다. 북한의 김일성이 펼친 '천리마운동'에 대항하는 새마을운동은 대통령이 농촌의 근대화를 위해 지시한 지역사회 개발운동이다.

'근면', '자조', '협동'이라는 슬로건이 여기저기 걸려 있었다. 그 성과인지, 밭은 모두 가래로 일궈져 있었다. 원래는 온통 민둥산이었던 뒤쪽 언덕에는 어린 소나무들이 자라고 있었다. 산기슭에 산재해 있는 집들은 예전에는 초가지붕이었으나 박 대통령의 명에 의해 슬레이트 지붕으로 바뀌었다.

"한국의 민가는 대부분 담을 둘러서 그런지 삼엄하네요."

"담이 없으면 편히 잘 수 없었겠죠. 늑대나 호랑이가 나왔으니까요. 제가 어릴 때만 해도 늑대가 돼지를 잡아갔다거나 아기를 물어갔다는 이야기를 종종 들었습니다. 요즘은 늑대는 없어도 도둑 때문에 아무래도 담이 없으면 안심할 수가 없죠."

고속도로를 따라 시골길이 나타났다. 경운기와 달구지가 보이고, 머리에 대야를 얹은 부인들이 손을 놓은 채 유유히 걷고 있었다. 자전거를 탄 여자들은 손에 은빛으로 반짝이는 나뭇가지를 들고 있었다.

"어머, 버들강아지네. 일본어로 뭐라고 하더라⋯⋯. 고양이⋯⋯ 고양이 뭐였는데⋯⋯."

"아, 고양이버들 말이군요."

백 군의 어머니가 환하게 웃었다. 일본어를 기억해 낸 것이 기뻤던 모양이다.

"버들강아지는 강아지 꼬리라는 의미인가요? 재미있네요. 은색 솜털이 일본에서는 고양이, 한국에서는 강아지라니."

여기저기에 높은 포플러 나무가 서 있었다. 앙상한 가지에 자리한 큰 둥지는 한국의 국조(國鳥)인 까치의 둥지였다. 나무

위쪽으로 까치의 검고 긴 꼬리가 보였다. 도로변의 물은 꽁꽁 얼어 있었지만 까치는 벌써 알을 품고 있었다.

통역하는 어머니

"선생님, 표범이 흔하진 않죠? 한국에 아직 남아 있을까요?"

"글쎄요, 지금 찾아가는 가야마을에서 23년 전에 포획된 이후로는 기록이 없네요. 그래도 혹시……."

"있을지도 모르는 거군요."

백 군의 어머니는 마치 학생처럼 생기발랄했다. 아들과 함께 일본인의 안내를 맡게 된 것이 기뻐 보였다. "일본어를 거의 잊지 않으셨네요"라고 칭찬의 말을 건네자,

"형제자매가 모이면 아직도 일본어로 수다를 떨곤 한답니다. 그래서 기억하나 봐요. 이 아이에게도 알려주고 싶지만 아침에 일어나자마자 학교에 가니까요. 돌아올 무렵이면 저희들이 잠들어 있을 시간이고요. 그래서 거의 가르쳐 주질 못했어요."

막내인 백 군은 어머니가 하는 일본어를 신기하다는 듯이 보고 있었다. 대학교에서 통역으로 차출될 정도이니 백 군의 능력은 최상급일 터였다. 백 군의 어머니는 아들을 좋은 일본 기업에 취직시키고 싶어 했다.

백 군의 어머니가 나에 대해 물었다.

"선생님은 어쩌다 한국 표범에 대해 흥미를 갖게 되셨나요?"

"제가 호랑이와 표범을 아주 좋아합니다. 1979년 1월에 경주에서 야생 호랑이가 출몰했다는 한국의 신문기사를 보고, 멸종했을 호랑이가 살아 있다니 이건 사건이다 싶어서 부랴부랴 달려갔는데…….''

"허위 정보였지요? 동물원 호랑이를 희미하게 찍어서는, 호랑이가 나타났다고 했던 그 일은 한국에서도 화제였어요. 텔레비전에 보도되기도 했다니까요. 누구라도 속았을 거예요. 그나저나 큰일이셨겠군요. 먼 일본에서 조사하러 왔는데 가짜라니…….''

백 군의 어머니는 큰 소리로 웃었고, 함 교수도 말없이 웃었다.

"정말 너무 심했죠."

모두 함께 웃으며 한마음이 되었다.

"그래도 그 사건이 실마리가 되어서 호랑이와 표범을 찾기 시작했으니 오히려 전화위복이라고 할 수 있겠네요."

백 군의 어머니는 이야기를 좋아하고 사교적인 사람이었다. 이런 점은 통역으로서 장점이었다.

약 200미터에 달하는 낙동강 다리를 건넜다. 낙동강은 부산의 서쪽을 흐르며 한반도 남동부를 윤택하게 한다. 물은 저 멀리 내륙의 고원인 강원도에서부터 흘러온다.

피로 물든 낙동강

"이곳은 한국전쟁 때, 강을 사이에 두고 국군과 북한군이 사투를 벌였던 장소예요. 여기서 북한군을 막았습니다. 쓰러진 병사들의 피 때문에 강물이 새빨갛게 물들었다고 하더라고요."

"당시 마산시는 어땠습니까?"

"마산하고 부산은 국군이 지키고 있었지만 그래도 큰일이었어요. 북한군에게 둘러싸여 도망칠 곳이 없었거든요. 포격은 계속되고, 식량은 떨어지고…… 완전 지옥이었지요."

1950년 6월 25일 발발한 한국전쟁에서 북한은 소련의 탱크 행렬을 앞세워 돌진했고, 이승만과 한국군은 그에 쫓겨 부산의 막다른 곳까지 몰렸었다. 그 공방이 있었던 곳이 이 강인가?

"전쟁이 일어나는 바람에 많은 재산 손실이 일어났어요. 다리 같은 건 하나도 남아나질 않았지요. 하지만 진짜 비극은 이산가족이에요. 천만 명이 넘는 사람이 남북으로 갈려서 벌써 삼십 년이나…… 언제 만날지 기약도 없다니까요……."

'일본의 침략이 없었더라면 우리나라가 남북으로 갈리는 일도 없었을 텐데'라는 한국의 원성은 몇 번이나 들었기 때문에 저절로 고개가 숙여졌다.

드디어 길 끝에 벽처럼 생긴 바위산이 보였다. 표범이 잡혔던 합천군을 향해 북서쪽을 바라보았다. 왼편으로 멀리 1,000여 미터에 달하는, 마치 칼날과도 같은 잿빛 능선이 보였다.

오도산

　험한 바위산의 주변을 돌아, 골짜기가 갈리는 곳에 있는 휴게소에서 한숨 돌리기로 했다. 아래로 낙동강 상류가 보였다. 하늘에는 어둑하게 구름이 끼어 있었다.

　주차장에 왜건 한 대가 서더니 새하얀 옷을 입은 사람들이 내렸다. 중년 여성의 머리를 보니 하얀 천을 두르고 그 위에 한 번 더 밧줄을 묶어 놓았다. 독특한 모습에 눈을 떼지 못하자, 백 군의 어머니가 소리를 낮춰 말했다.

　"하관을 위해 장지(葬地)로 향하는 사람들이에요. 머리를 밧줄로 묶은 사람의 부모님께서 돌아가신 거죠. 부모님을 돌아가시게 했다는 불효자라는 의미로 밧줄을 두른답니다. 시골에는 아직 저런 풍습이 남아 있어요."

한국은 역시 경로의 나라다.

"저때에 입는 백의는 여성 유가족들이 밤을 새워 만드는 거랍니다."

백 군의 어머니도 숙연해졌다. 먼 산속에 묻는지 흰옷을 입은 사람들은 재차 차에 올라 이동했다.

얼마 안 되어 고속도로에서 지방도로로 접어들자 오르막길이 나타났다. 여기서부터는 함 교수도 가본 적이 없다고 했다.

길이 좁아지면서 다시 낙동강이 나왔다. 아래로 푸른 물을 내려다보면서 나아갔다. 삼거리가 나오자 길이 구불구불해졌다. 가끔 보이는 민가는 단층집이 많았는데 마산시 주변보다 빈곤해 보였다. 양쪽에 산이 우뚝 서 있어서, 올려다보면 삼각형의 하늘이 보였다.

갑자기 지프가 변속기 고장으로 움직이지 않았다. 나는 목적지를 눈앞에 두고 지체하게 되자 괴로웠다. 영하의 날씨 속에서 함 교수는 변속기를 고치기 위해 악전고투했다. 40여 분이 지난 후 겨우 지프가 움직였고, 함 교수는 갈림길마다 사람들에게 길을 물어보며 앞으로 나아갔다.

소백산맥의 묘산면에 들어서자 막 임시포장을 끝낸 듯한 도로에서 누런 소를 끌고 가는 사람이 보였다. 드디어 북서쪽 골짜기에 가파르고 뾰족한 산이 나왔다. 함 교수는 차를 멈추고 도로변의 농부에게 물었다.

"저게 오도산이에요, 저기 저 산이요."

낙엽이 떨어진 활엽수와 소나무 사이로 웅장한 바위산(1,134

오도산 입구

미터)이 엿보였다. 숨을 가득 들이켜 마시며 산을 올려다보았다.

"이런 산에 표범이 있었단 말인가!"

커브를 돌아 거리로 들어서자, 시골 분위기 물씬한 가게들이 보였다. 백 군이 버스 정류장 표지판을 가리키며 소리쳤다.

"산제리, 산제리예요!"

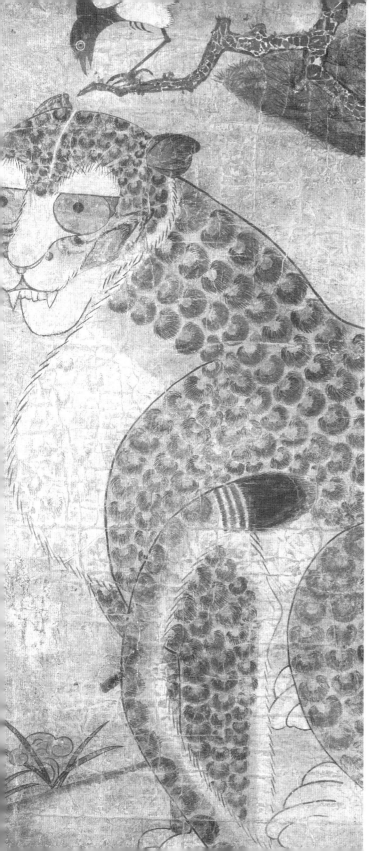

제 3 장

덫에 걸린 표범

가야마을

버스정류장 앞에 있는 파출소에는 젊은 경찰이 서 있었다. 추운 곳이라 그런지 경찰은 털모자와 누빔 잠바를 입은 채 총을 들고 있었다. 가야마을에 대해 물어보기 위해 함 교수와 백 군이 차에서 내렸다. 시간은 벌써 10시를 지나고 있었다. 도중에 차가 고장 나긴 했지만 마산시에서부터 거의 3시간, 130킬로미터 정도 왔을까. 침을 삼키며 보고 있자 백 군이 외쳤다.

"가야까지 차로 이동할 수 있답니다! 20분 정도 걸린대요!"

엉겁결에 통역 중이던 백 군의 어머니와 함께 환호성을 질렀다. 걸어가기에는 길이 험하고 한 시간도 넘게 걸리는 곳이었기 때문이다.

산제리 마을에는 100여 미터 정도 상점과 식당이 늘어서 있고 택시 정류장도 있었지만, 황량한데다가 행인도 없었다. 거리를 지나자 양측으로 가지각색의 작은 논들이 나왔다. 오른쪽의 가파른 사면에는 잡목림이 보였다. 쇠똥을 쌓아 나르는 경운기를 추월하니 길가 돌기둥에 '가야(伽耶)'라고 마을 이름이 적혀 있었다. 거기서부터 시작되는 곁길은 가파른 비탈길이었다.

"우와, 올라갈 수 있으려나. 어머님, 꽉 붙드세요."

지프는 일단 뒤로 물러났다가 굉음을 내며 움직였다. 바닥에 착 붙어 버티며 길을 돌아 올라가더니 그 후에는 거꾸러지듯이 내려왔다. 폭 2미터가 채 못 되는 고르지 못한 흙길이었다.

길가 좌우에 가느다란 전신주가 비뚤비뚤 세워져 있고, 양측 시야에는 계단식으로 된 다랑논들이 보였다. 정면을 올려다보니 높은 곳에 오도산이 우두커니 서 있었다.

늘어선 전신주 끝에 회색 집들이 보였다. 아아, 저곳이 가야 마을인가?

지프는 붕붕 소리를 내며 해발고도 100미터 정도를 올라갔다. 도로변에 시멘트로 지어진 작은 아파트가 있는데 그 위에 3개의 안테나가 서 있었다. 누군가가 군인들의 숙소라고 일러 주었다.

골짜기의 막다른 지점에 20~30채의 집들이 한 덩어리처럼 모여 있었다. 여기가 바로 50,000:1의 지도에도 없던 변방의 마을이 분명했다. 마을은 초벽만 바른 듯 빈궁해 보이는 집들 뿐이었다. 곧 무너질 것 같은 집도 있었다. 마을 가장 안쪽에 위치한 집 앞에 지프를 세우자, 갈색 상의를 걸친 할머니가 허둥지둥 나왔다. 함 교수와 백 군이 차에서 내려 말을 건넸다. 할머니가 아래쪽에 있는 집을 가리키자 백 군이 종종걸음으로

가야마을

되돌아왔다.

"여기가 가야마을이 맞아요. 표범을 잡은 분은 돌아가셨대요."

"이런! 내가 늦었구나!"

"그 부인 되는 분은 아직 정정하시답니다."

소박한 옷차림의 마을 사람들이 서너 명 정도 조심스레 다가왔다.

"미국인인가?"

"글쎄, 방송국에서 민요 찾기 하러 왔나?"

"뭐? 호랑이 잡은 이야기를 들으러 왔다고? 관공서에서 오셨소?"

치마를 질질 끌리듯 입은 사람들이

"아니, 일본인이라는데?"

"일본인이 왜 그런 얘길 듣고 싶어 하는 거지?"

라고 중얼거리며, 아래쪽 집을 향했다. 곧 함 교수가 갈색 상의를 입은 할머니를 모시고 돌아왔다. 할머니는 함박웃음을 짓고 있었다.

할머니의 환영

"이 할머니께선 연세가 일흔이신데 일본어가 가능하시답니다. 광복까지 히로시마에 계시면서 원폭도 겪으신 것 같아요. 마을에서는 일본 할머니라고 불리시더라고요."

이런 산골에서도 일본에 건너간 사람이 있을 줄이야!

"일본인이 온 것은 2차 대전 이후 처음이라더니 큰 소란이네요."

지프를 세워 두고 50여 미터를 걸어 내려가, 인가가 모여 있는 곳을 향해 작은 길로 꺾어 들어갔다.

모퉁이에서 여든쯤 되어 보이는 풍채 좋은 할머니가 나타났다. 머리에 백발이 성성했지만 혈색은 좋아 보였다. 끄트머리에서 따라가던 나를 보고 양손을 펼치더니 그 손을 숨기는 듯한 괴상한 몸짓으로 점점 다가왔다.

'어라, 화내는 건가? 일본인 따위는 마을에 들어오지 말라고?'

놀란 자세를 취하자 할머니가 뒷걸음을 쳤다. 입을 우물거리고 흰머리를 휘날리면서 내 몸에 닿을락말락 접근해 왔다.

'으악! 대체 뭐하는 거지?'

내가 멈칫하니, 할머니는 앞을 보면서 마치 아와오도리(阿波踊り: 일본지방 전통 춤)처럼 몸을 흔들댔다. 모두 웃기 시작했다. 표범 마을의 할머니는 춤을 추고 있던 것이다.

'이건 환영의 표시인가!'

할머니가 다시 한 번 나를 향해 안아 주는 자세를 취했다.

그 옛날, 한국 사람들은 이방인을 이렇게 환영했던 것일까? 풍채 좋은 할머니는 열기가 가득한 무리를 가로질러 나아갔다. 진흙을 굳혀 만든 담 아래에는 장작이 한 더미 쌓여 있었고, 외양간은 텅 비어 있었다. 할머니는 춤을 추며 토담 사이의 문으로 들어갔다. 불그스름한 흙이 깔린 마당에 마을 사람이 예닐곱 명 기다리고 있었다.

이곳인가! 드디어 표범을 잡은 황홍갑 씨의 집에 도착한 것이다!

초라한 산골 집

살짝 비탈진 마당과 기울어진 듯한 기와지붕의 작은 집. 돌을 쌓아 점토로 굳힌 허리 높이의 토대가 집을 받치고 있었다.

마당에서 보이는 격자문의 창호지는 찢어져 있고, 구멍 난 흙벽은 감색 종이로 막아 붙여 놓은 것이 보였다. 측면에 위치한 아궁이의 입구는 온돌에 불을 지피는 곳이라 검게 그을렸는데 그 옆으로 저녁에 땔 낙엽과 마른 가지들이 쌓여 있었다.

'이렇게 초라한 집이라니……'

왼편에 놓인 식수대는 수도꼭지가 고장 났는지 물이 똑똑 떨어지고, 곁에 갈색 플라스틱 대야, 양동이, 검은색 병이 늘어서 있었다. 그 위쪽에는 줄을 연결해서 운동복이나 셔츠 등을 널어놓았다. 마당에 손자인 듯한 남자아이가 보였다. 함 교수가 안쪽에서 일본인의 취재에 대해 설명하며 나를 돌아보았다.

"괜찮습니다. 들어오라고 하시네요."

이야, 잘됐구나! 처마 밑으로 들어서자 저 안쪽에 입구가 보였다. 발밑에 있는 납작한 모양의 돌에 신발을 벗고 마루로 올라섰다. 천장이 낮아 머리를 부딪칠 것 같았다. 조심조심 마루에 있는 문을 지나자 미닫이창이 하나밖에 없는 움막 같은 분위기의 온돌방이 나왔다. 넓이는 3평 정도로 구석에 있는 작은 선반을 제외하면 아무것도 없었다. 한쪽 벽면을 감색 신문지로 붙여 놨는데 그마저 여기저기 찢어져 있었다.

'이거……. 생활이 편치 않아 보이는군.'

함 교수와 백 군의 어머니, 그 옆에 내가 앉고 입구 쪽의 모서리에는 이웃집 할머니가 네 분 정도 무릎을 세우거나 책상다리로 앉아 있어서 방 안은 만원이었다. 들어오지 못한 마을 사람들은 툇마루 가까이에 모여들었다.

황홍갑 씨의 생가

내가 녹음기를 꺼낸 것을 알아챈 일본 할머니가 말했다.

"녹음하는 건가? 아이, 좋아라. 여러분, 민요를 불러 주자고! 선생님, 여긴 옛날 신라 땅이었던 곳이라 노래가 많아."

그녀는 일본어와 한국어가 짬뽕된 언어로 흥분했다.

"자, 평소에 하던 것처럼 노래를 불러, 불러! 뭐부터 할까?"

"잠깐만요, 할머니. 민요를 들으러 온 게 아니니까 조용히 해 주시면 좋겠어요."

백 군의 어머니가 타일렀다. 일본 할머니는 입을 딱 벌렸지만 물러서지 않았다.

"내옆의 형님은 여든두 살인데 이름이 이방순이라케. 마을에서 제일 가는 어른이시니 이 형님 노래는 꼭 넣어야 해. 이 형님이 열세 살에 결혼해서 열네 살에 이 마을에 왔다니까. 오호호."

그러자 춤으로 나를 환영했던 할머니는 기쁜 듯이 몸을 비비적댔다.

이거 큰일인걸, 당장이라도 노래를 부를 기세였다. 누가 이 집 주인인지 모르겠다. 그때, 마른 몸의 여성이 자그마한 귤이 든 쟁반을 들고 나타났다. 햇볕에 잘 그은 피부를 가진 사람이었다.

"표범을 포획했던 황홍갑 씨의 부인 되십니까?"

"예."

안주인인 박순영은 62세라고 말했다.

가난병

아들은 교통사고로 죽고 표범을 잡았던 남편도 잃은 후, 순영 씨는 혼자서 논밭을 일구며 세 명의 손자를 키워 왔다. 짤막한 머리카락을 반으로 올려 묶고 손뜨개질한 녹색 조끼와 치마를 입은 채, 멀리서 찾아온 손님들을 불편한 기색 없이 맞이하였다.

"갑작스레 방문해서 죄송합니다만, 홍갑 씨는 언제 돌아가셨습니까?"

백 군은 창백한 얼굴로 도와주러 온 어머니를 빤히 쳐다보 았다.

어머니가 재촉했지만 백 군의 입은 열리지 않았다. 어쩔 수 없이 백 군의 어머니가 통역을 했다. 그러자 일본 할머니가 먼저 대답을 했고, 이어서 다른 사람들이 맞장구치듯 입을 열었다.

"4년 전, 아니 3년 전인가. 살아 있었다면 예순여덟일 텐데…… 4년 동안 병석에만 누워서는. 아이고……."

"작년엔 모친상을 당하질 않나, 이 집은 불행의 연속이야."

아이고, 아이구 하는 것은 한국 사람들이 한 단어로 희로애락을 표현하는 감탄사 같은 것이다.

"무슨 일로 돌아가셨나요?"

"예순하나에 시들병에 걸렸지요, 아이고~."

"네? 무슨 병이라고요?"

"시름시름 앓는 병이에요. 혼자서는 제대로 걷지도 못하고, 혀가 꼬여서 '아, 우' 소리만 내고. 일을 할 수가 없으니 가난병이라고도 해요. 일본에도 이런 병이 있지 않나요?"

"뇌졸중입니까?"

"글쎄요, 병원에 안 가 봐서 정식병명은 잘 몰라요……."

"이 부근 마을 사람들은 거의 의사에게 치료받은 적이 없어요."

"병원이 너무 멀리 있고, 시들병은 의사한테 보여 봤자 낫지도 않으니까."

국민건강보험 같은 의료제도가 없기 때문에 병원은 도시에서나 볼 수 있는 것이었다. 이것이 비경 속에서 대대로 이어지는 마을 사람들의 삶이었다.

"혹시 황홍갑 씨의 사진은 없습니까?"

"없어요, 찍은 적이 없거든요."

"어떤 분이셨나요?"

"음, 키가 크고 다부진 체격의 사람이었어요. 얼굴은 갸름하고 턱수염이 길었죠. 술과 담배를 좋아하고요. 노루라도 잡으면 산제리 읍내 친구들까지 불러서는……. 네, 네, 고기를 구워먹고 술을 마시면 배포가 오도산만큼 커져서 친구들 가져가라고 노루 고기를 나눠 주기도 하고……."

부인은 말하며 얼굴을 찌푸렸다.

"항상 손해 보는 성격이었어요……."

그러자 할머니들 사이에서

"그래, 그래. 사람이 좋은데다가 인삼이나 약초 캐는 데는 달인이었지."

망자를 애도하는 소리가 터져 나왔다. 홍갑 씨는 마을 여자들의 신뢰를 한 몸에 받은 듯했다.

호랑이와 표범은 부부

"그런데 표범은 오도산 어디에서 잡힌 건가요?"

"표범이 아니야, 암호랑이지."

"맞아, 맞아. 범 마누라야. 누런 몸에 검은 꽃무늬가 점점이 있었지."

"동물원 기록을 보면 수컷 표범이라고 되어 있는데요."

"수컷이 아니고 암컷 호랑이라니까요. 아주 예쁜 암컷이었어요."

방 안이 떠들썩해졌다. 함 교수가 미소를 지으며 설명했다.

"한국에서는 옛날에 호랑이와 표범이 부부라는 말이 있었어요. 시골은 아직도 표범이 호랑이의 암컷이라고 알고 있는 분들이 있나 봅니다."

놀라지 않을 수 없었다. 호랑이와 표범이 부부라니……. 이 이야기는 둘째치고, 대체 어디에서 잡은 것일까.

"뒷산에서요. 마을 뒤쪽 오도산에 큰 바위가 있거든요. 그 아래 즈음인데, 산을 올라가면서 500미터도 안 되는 곳이에요."

흥분으로 몸이 떨렸다. 마을 바로 옆에 표범이 출몰하다니! 어린아이가 사라지거나 한 적은 없었을까? 다른 궁금한 점도 많았지만 우선 표범을 잡은 23년 전 당시의 사건에 초점을 맞췄다.

"음, 그날 일은 생생히 기억나요."

안주인인 순영 씨가 이야기를 시작했다.

"남편은 젊을 때부터 사냥을 좋아해서 자주 산새나 짐승을 잡아오곤 했어요. 농작물을 돌보거나 약초, 버섯을 캐는 사이사이에요. 아뇨, 총을 쓰진 않고요. 철사를 말아서 올무를 만들죠. 거기에 가끔 노루나 멧돼지, 꿩 같은 게 걸리면 그걸로 식사를 하기도 해요."

올무

"멧돼지는 요즘도 자주 보이지. 논밭에 나타나거든. 그렇지 않소, 여러분?"

일본 할머니가 중간에 끼어들었다.

"둥글게 말아 놓은 철사 고리에 걸렸단 말인가요? 커다란 표범이?"

일본에서도 옛날에 시골에서 산토끼를 잡을 때는 눈 덮인 산에 철사로 올무를 만들어 설치하기도 했다. 어쩌다가 그런 좁은 틈으로 표범의 머리가 걸리게 되었을까? 어떻게 질식하지 않고 사로잡히게 된 걸까? 안주인이 말을 이었다.

"남편이 그때 마흔넷이었어요. 음력 1월 7일 아침, 춥지만 맑은 날이었는데……."

한국에서는 아직 음력을 사용하고 있었다.

"눈은 안 왔어요. 오도산 높은 곳에는 쌓여 있었지만 여긴 거의 없었죠. 남편이 외출한 지 한 시간도 안 돼서 새파란 얼굴로 돌아와서는 큰일 났다, 큰일 났어! 하면서 소리쳤어요."

일요일, 올해로 열아홉 먹은 아들 석훈은 마루에 한쪽 팔꿈치를 괴고 늘어져 있었다. 평소라면 느긋하게 있었을 아들이 그 소리를 듣고

"무슨 일인데요?"

하고 되묻자 남편은 헐떡거리며 대답했다.

"호, 호, 호랑이가…… 올무에 걸려서 날뛰고 있어!"

이야기를 듣자마자 아들은 "만세에에에!"라고 큰 소리로 외치며 천장에 닿을 것처럼 뛰어올랐다.

"그래서 어떻게 했나요?"

옹기종기 앉아 있던 할머니들이 일제히 질문하기 시작했다.

"한 분씩 얘기해 주세요."

통역을 하던 백 군의 어머니가 소리를 높였다.

드럼통 우리

"여기까지 옮기는 게 큰일이었지. 드럼통을 우리 삼아서 그

표범이 잡힌 오도산으로 바위 아래에서 잡혔다고 한다.

안에 넣고, 저기 마당에 뒀어."

"잠시만요. 여기까지는 어떻게 옮겨 왔습니까?"

"짊어지고 왔지, 철사에 걸려 있었으니까."

"고리가 둥글잖아요. 대부분 목이 걸리니까 잡힌 동물은 죽게 돼요. 그 호랑이, 아니 표범이던가. 여하튼 그건 몸통 부분에 걸렸기 때문에 안 죽고 날뛰고 있었지요. 하하하."

"아, 허리에 걸린 거였구나!"

"올무는 지금 사용이 금지돼서 쓰는 사람은 없어요. 동물 보호가 중요하다고요."

그러자 일본 할머니가 참견했다.

"그치만 멧돼지나 노루가 많아져서 밭에 있는 싹이 망가지니까 곤란하다고. 마침 좋은 기회군. 일본에서 오신 선생님이 관공서에 얘기 좀 해 주소. 옛날처럼 잡을 수 있게 해 달라고."

일본 할머니의 말참견은 대화에 방해가 됐다.

"황홍갑 씨는 이전에도 표범을 잡은 적이 있나요?"

"아뇨, 처음이었어요."

이런……. 표범을 잡는 것은 이곳에서도 매우 드문 일이었나 보다.

깨닫고 보니 어느새 안주인은 없어지고, 주변 사람들이 대답을 해 주고 있었다. 특히 일본 할머니가 말하는 경우가 많았다. 그녀는 일본어가 생각났는지 말을 술술 늘어놓고 있었다.

"우리 아버지도 산 너머에 있는 마을이긴 하지만 호랑이를 두 번이나 잡았지. 함정을 파서 말이야."

"아버지라면……. 남편 말인가요? 아니면 친정아버지인가요?"

"친정에 계시는 우리 아버지. 그게 옛날 일인데 크기는 별로였지만 호랑이를 잡아서 판 적이 있어."

일본 할머니의 성은 김씨였다. 함 교수는 나에게 김 씨 할머니가 말하는 호랑이는 삵일 가능성이 크다고 주의를 주었다. 김 씨 할머니가 이야기를 시작하자 다른 할머니들이 머쓱해하는 분위기였다. 그녀는 그다지 신용받지 못하는 것 같았다.

"김 씨 할머니, 우선은 홍갑 씨에 관한 이야기를 듣고 싶은데요."

그래도 김 씨 할머니는 꺾이는 기색을 보이지 않았다.

그때, 방순 할머니가 굵직한 목소리로 이야기의 흐름을 다시 돌려놓았다.

"홍갑이가 아들하고 같이 표범을 꽁꽁 묶어서 짊어지고 왔지. 굵직한 꼬리는 꿈틀대면서 숨이 끊어질락말락했는데 말이야. 여기 마당까지 데려오긴 했는데 둘 곳이 있어야지."

"그래서 낡은 드럼통을 꺼내 그 안에 넣었다는 건가요?"
라고 말하자, 김 씨 할머니가 다시 끼어들었다.

"마을이 난리도 아니었지. 누가 시켜 난리 난 것도 아니었는데……."

"어허, 좀 조용히 하게. 동네 남자들이 총출동해서는 드럼통을 옆으로 누이고 저기에 굵은 철사를 칭칭 감아서 우리로 썼어."

드럼통이 뚫린 방향은 굵은 철사로 격자를 만들어 막았다.

"표범을 안에 집어넣는 일이 좀 힘들었지. 격자 사이로 머리를 먼저 밀어 넣고, 다리의 밧줄을 끊은 다음 기다란 꼬리가 끝까지 들어갔을 때에는 만세를 부르며 춤을 추는 사람도 있었다고. 와하하~, 누가 시킨 것도 아닌데 말이지."

이글대는 초록빛 눈

"표범은 눈 안쪽에서 녹색 불이 이글이글댄다더라."

"그 눈을 바라보면 취해 버린다고 홍갑이가 그랬지."

표범은 마성의 눈을 갖고 있었던 것 같다.

"게다가 표범이 송곳니를 드러내면서 으르렁거리면 모두 놀라서 도망갔었지. 여자애들은 넘어지기까지 했다니까, 하하하하."

"울음소리는 어땠습니까?"

"그르릉, 그르르르릉, 이랬지. 큰 톱으로 커다란 나무를 벨 때 나는 소리처럼."

그르릉 하고 방순 할머니가 비음을 냈다. 모두 '그래, 맞아' 하며 고개를 끄덕였다. 바로 녹음기를 되감아 방순 할머니의 소리를 재생하자 방 안의 분위기가 달아올랐다.

"덩치 큰 표범이 여기에도 있었네!"

사람들은 입을 크게 벌리고 웃었다. 소리의 주인공은 마루를 뒹굴며 웃어댔다.

"한 번 더 들려줘요, 한 번 더!"

정말이지 밝은 성격의 사람들이었다.

"먹이는 무얼 줬나요?"

한바탕 웃고 난 뒤에 다른 할머니가 대답했다.

"토끼를 날름 먹어 치우더라고요. 이왕이면 자세한 얘기는 순영이에게 들으슈."

다시 불려 온 안주인은 젖은 손을 닦으며 들어와 한쪽 무릎을 세워 앉았다. 무언가 요리를 하던 중인 듯했다.

"드럼통에서 아흐레 동안 먹이를 주었어요. 마을에 있는 집토끼는 다 먹어 치워서, 소고기와 돼지고기 같은 걸 시장에서 사왔죠. 물도 챙겨 주고요. 음, 드럼통은 이 창가 밑에 놓여 있었어요."

말을 끝내자, 또다시 시끌시끌해졌다.

"그땐, 어두워지면 밖을 돌아다니는 사람도 없었어요. 혹시라도 드럼통에서 빠져나올까 무서워서 오줌 누러도 안 갔죠. 그러고 보면 산 저편에서는 그 짝이 울어댔었어요. 구슬픈 목소리로 상대를 찾는 거겠죠. 그러면 잡혀 온 녀석도 대답을 했어요. 드럼통 안에서 캬옹~ 하면서……."

"다른 표범이 구하러 오기라도 할까 봐 모두 걱정했지요."

"여러분, 혹시 산에서 우는 소리를 들으셨습니까?"

할머니들은 서로 얼굴을 마주 보았다. 누구도 들은 기색이 없었다. 그러나 김 씨 할머니는 의기양양하게 덧붙였다.

"바람 소리라도 호랑이가 아닐까 생각되는 법이지. 오도산에서 불어오는 산바람은 사람을 움츠러들게 하니까. 하물며 드럼통에는 살아 있는 표범 한 마리가 그르릉 하고 있었으니."

경남대학교의 함 교수도 눈을 크게 떴다. 이 나라의 동물학계상 전대미문의 이야기였다.

기와지붕이 된 상금

안주인이 높이가 낮은 밥상을 방 가운데에 들이더니 대접할 음식을 차렸다. 상에는 갈색의 네모난 도토리묵, 배추김치, 사과 깎은 것, 쌀을 부풀린 과자 등으로 한가득 채워졌다. 백 군은 은색의 긴 젓가락을 집어서 얼른 두부를 먹기 시작했다. 통역은 완전히 어머니에게 미뤄 놓은 모양이었다.

"시간 여유가 없으니 이야기를 우선적으로 들려주시면 감사하겠습니다. 음식은 괜찮으니까요."

하지만 안주인은

"정월이 지나 별로 차릴 만한 것은 없지만, 먼 일본에서 오신 손님에게 아무것도 대접하지 않으면 제가 죄송해서요."

라며 김이 오르는 냄비를 당겨 스테인리스 공기에 하얀 수프 같은 것을 담았다. 그 안에는 떡이 들어 있었다. 쌀가루를 이용해 만든 떡이었다.

"어서 드세요."

쫄깃쫄깃한게 일본의 떡과는 사뭇 달랐다. 도토리묵에는 빨간 양념장을 발라 먹었는데 두부와는 다른 깊은 맛이 있었다. 오도산의 명물이라고 해도 좋을 맛이었다. 두부와 떡을 먹으며 계속 이야기를 들었다.

'가야'라는 명칭은 지금으로부터 천 년 전, 신라와 함께 존재했던 나라의 이름이다. 협곡의 막다른 곳에 사람들이 정착해 경작을 한 것이 마을의 시작으로 보이지만 확실한 내력은 아무도 몰랐다. 표범이 포획되었을 당시 마을은 총 가구 30호에 150명이 살고 있었지만, 돈이 될 만한 일이 없어서인지 많은 젊은이들이 도시로 떠났다. 지금은 20호, 100여 명 남짓하다.

전기는 5년 전인 1980년에 연결되었다. 1977년에 오도산에 군 기지가 들어오면서 마을 바로 아래에 부대원들의 아파트가 세워졌기 때문이다. 덕분에 마을 안까지 포장도로가 깔리고 식수 역시 간이수도로 대체되었다. 생활이 편리해졌지만 그래도 깊은 산중을 좋아하지 않아 마을 밖으로 나가는 사람이 끊이질 않았다.

식사를 마친 함 교수가 밖으로 나가고, 백 군이 그 뒤를 이었다. 두 시간이나 있었지만 일본 할머니의 간섭 때문에 묻고 싶은 것의 절반도 해결하지 못한 것 같았다. 분주한 안주인에게 마지막으로 질문을 했다.

황홍갑 씨는 표범을 창경원에 기증한 후, 관공서에서 30만 원이라는 큰돈을 포상금으로 받았다. 거의 농사꾼 1년 치 삶에 해당하는 수입이 들어온 것이다. 홍갑 씨는 그 돈으로 초가지붕을 기와로 바꿨다. 짚은 금방 상하고 비가 새기 때문이다. 그 정도로 마을의 대부분은 초가지붕이었다.

"표범을 잡은 게 큰 이익이 되었나 보군요."

"그렇지도 않아요, 선생님. 기와를 나르는데 길이 좁아 달구지가 들어오질 못하더라고요."

안주인이 고개를 가로저었다.

"길 넓히는 데 인부들을 부르고 밥까지 제공했으니 포상금이 남아나질 않았죠. 그 뒤로 애 아버지가 투덜투덜했었어요. 표범을 한 마리 더 잡지 않으면 수지가 맞질 않겠다면서……. 나중에 불렀던 한약방 사장님도 멀리서 택시를 타고 오셨는데 엄청 높은 값을 불렀거든요……."

처음으로 안주인은 분하다는 듯 이를 악물었다.

미닫이창의 찢어진 부분으로 백 군이 이쪽을 들여다보았다. 이제 출발하지 않으면 안 될 시간이었다.

"정말로 감사합니다."

나는 온돌마루에 양손을 대고 깊숙이 고개를 숙였다.

큰 몸집을 가진 방순 할머니의 양손을 꽉 잡았다. 함 교수가 자동차가 있는 방향으로 걸어가자 마을 사람들도 뒤를 따랐다. 조촐한 사례금 봉투를 안주인에게 전달했지만 뒤로 빼고 손을 내저으며 사양하길래 안주인의 앞주머니에 넣어 드렸다.

마을 뒤의 오도산에 떡하니 서 있는 큰 바위가 보였다. 표범이 올무에 걸린 장소가 저 밑 부근이라고 했다.

소꿉친구의 증언

마을 사람들이 모인 가운데, 이웃에 살고 있다는 황차순(66세) 씨가 앞으로 나섰다.

"제가 현장으로 안내하지요."

라고 말하며 지프에 올랐다. 두터운 가슴에 조끼를 걸치고 있었는데 외출복으로 보였다. 급커브를 돌아 지프를 안쪽까지 몰자 험한 오르막길이 나왔다. 차순 씨는 지프 안에서 차분하게 이야기를 시작했다.

"표범을 잡았던 홍갑이와는 어릴 적부터 알고 지낸 사이인데, 그 친구는 솔직하고 좋은 성격이었습니다. 제가 두 살 밑이라 매일같이 어울려 다녔지요. 산에서 나는 버섯 같은 걸 캐면 서로 나누기도 하고, 김치도 가족들이 전부 모여서 함께 담그고……. 그렇게 사이좋게 지냈었는데……."

'아이고'라며 낮게 읊조렸다.

"효자였던 아들이 교통사고로 죽고……. 그게 분명 표범을 잡고 8년째 되는 해였을 겁니다. 홍갑이가 아직 쉰둘이었는데 그때부터 술만 마셔대더니 예순하나일 땐가, 산제리 장에서 술을 마시고 돌아오는 길에 마을 다리에서 거꾸로 떨어졌지요. 아이고……."

차순 씨는 골짜기를 내려다보며 얼굴을 일그러뜨렸다.

"만취해서 발을 헛디딘 겁니다. 다리는 높지 않았는데 하필 돌에 머리를 부딪치는 바람에 가난병에 걸리고 말았죠. 홍갑이는 그 후로 4년간 몸져누워 앓았어요……."

차순 씨는 '아이고'를 연발했다.

"죽기 전까지 계속 그 상태였습니다. 부인이 고생을 했죠. 남자들은 죽고, 어미와 아이 셋만 남았으니까요. 아, 그 어머니도 작년에 돌아가셨습니다."

표범을 잡은 집에는 연이어 불행한 사건이 생겼다.

지프가 사면에 자리한 다랑논을 돌아 뒷산으로 올라가자 오도산의 아름다운 산봉우리가 근처에 나타났다. 산꼭대기는 보이지 않았지만, 레이더 안테나 기지로 오르는 지그재그 길이 산중턱을 참혹하게 깎아놓은 것이 눈에 들어왔다. 비탈에 높이 가 20미터 되어 보이는 큰 바위가 떡하니 놓여 있고, 그 앞쪽 에는 말라비틀어진 나무들 사이에 소나무가 섞여 있었다.

"바위 조금 앞쪽에 굽은 소나무가 보이네요. 올무에 걸린 게 저 근처였습니다. 시든 억새가 얽혀 있죠?"

나는 무심결에 숨을 삼켰다.

경사면에는 드문드문 잡목림이 보였다. 만고불변의 원시림은 어디에도 없었다. 이곳이 표범이 살아 숨 쉬던 최후의 비경이 란 말인가? 흙은 건조하고 풀은 빈약했다. 가느다란 오리나무 와 자작나무는 휘청대고 있었고 큰 바위 밑에는 둥그런 봉분 까지 보였다. 나는 마음을 가다듬고 질문했다.

"옛날에는 이 근방에 큰 나무 같은 게 있었나요?"

"원래 오도산은 거목 천지였습니다. 제가 어릴 적에 많이 벌 채가 됐지요."

높은 곳에는 물참나무와 소나무가 섞인 채 뒤덮여 있었다. 애 초에 일본의 식민지가 됐을 때, 원시림은 이미 빼앗긴 것일지도 모른다. 내가 망연자실하고 있자 함 교수가 차순 씨에게 물었다.

"부근에 표범이나 호랑이 굴이 있습니까?"

"굴에 대해선 들어본 적이 없어요. 어디 깊은 산중에서 나온 거겠죠, 그 표범은."

함 교수가 나를 향했다.

"근처에 가야산도 있고, 조금 멀긴 해도 남쪽으로 지리산이

오도산 산정

있지 않습니까? 양쪽 다 국립공원인데다가 험한 산으로 유명하죠. 특히 지리산에는 지금도 표범이나 곰이 산다는 소문도 있고요."

차순 씨는 자신만만하게 표범이 잡힌 현장을 가리켰다.

"올무에서 표범을 빼낼 때 마을 남자들이 총출동해서 도우러 갔었어요. 물론, 저도 맨 먼저 달려갔죠."

"예? 황홍갑 씨와 아드님, 두 분이 생포한 게 아니었나요?"

"어떻게 둘이서 그걸 산 채로 잡겠습니까? 선생님, 살아 있는 맹수라고요. 사방을 죄 긁어놓질 않나, 굉장히 난폭하게 날뛰었는걸요."

나는 순간 당황할 수밖에 없었다. 생각해 보니 표범을 생포하는 가장 극적인 장면에 대해 아무것도 물어보지 않은 것이다.

"그 후에 표범을 본 사람이요? 아뇨, 없습니다. 그런데 홍갑이가 그런 말을 한 적은 있어요. 다른 표범이 아직 있는 것 같다고……. 하지만 산 정상까지 트럭이 드나드는 도로가 생긴데다 레이더 기지가 설치된 마당에 어떻게 되었을지는……."

"그렇습니까, ……그렇군요."

"군이 북괴의 움직임을 24시간 감시하고 있으니까요."

오도산의 정상부근은 입산 금지 구역이 되었다. 이곳에도 한국전쟁의 그림자가 드리워져 있는 것이다.

"황차순 씨 이름은 한자로 어떻게 씁니까?"

"한자로……. 잊어버렸네요."

차순 씨는 천천히 이야기했다.

"전쟁 때, 여기까지 북괴 놈들이 공격해 왔었습니다. 전투가 있었던 것은 아니지만 산제리에는 일가족이 모두 죽은 집도 있어요. 스파이로 의심받았기 때문이죠. 우리 집은 소를 한 마리 빼앗겼는데 놈들이 순식간에 먹어 치우더라고요, 그리고……."

바람이 불어와 자작나무의 헐벗은 가지 끝을 흔들어 댔다. 오도산으로부터 새하얀 것이 나풀나풀 날리기 시작했다.

"눈이 오겠네요. 어서 오릅시다."

함 교수는 지프의 핸들을 크게 돌렸다.

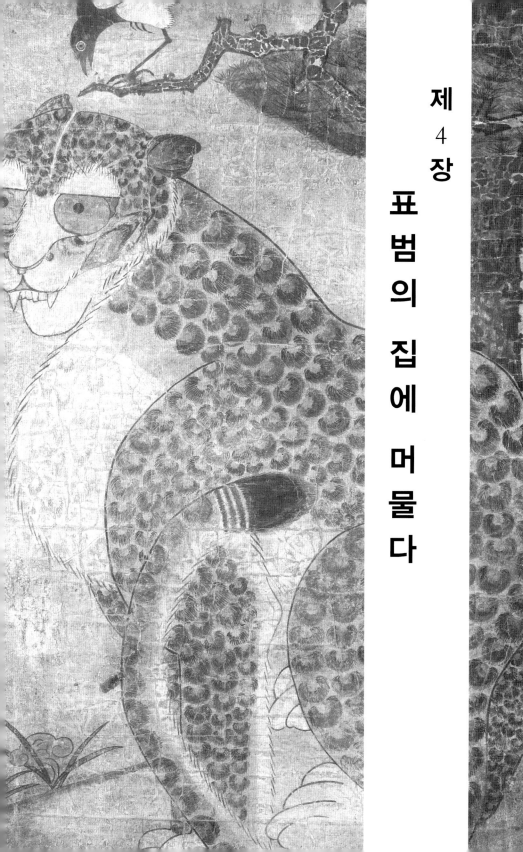

제 4 장

표범의 집에 머물다

다시 찾은 집

그날 밤, 나는 마산시 해변에 잡은 호텔로 돌아갔지만 쉬이 잠들 수 없었다.

표범을 잡은 집에 찾아가서는 포획 당시의 상황에 대해 묻지 않다니, 이 무슨 불찰인가.

한국의 두 교수에게까지 신세를 졌는데 표범 마을의 탐방에 실패한 것은 아닐까? 함 교수는 한일우호의 표시라며 기름 값도 받지 않았다. 제대로 된 조사야말로 은혜를 갚는 길일 텐데……. 속이 까맣게 타면서 자책감이 들었다.

'취재를 다시 해야 하나.'

나는 어두운 온돌방에서 고민했다.

'마을을 다시 방문하는 건 바보 같은 짓이야…….'

그러나 억누르지 못한 생각이 머릿속에서 자꾸 고개를 들었다. 그 마을에는 표범뿐만 아니라 현대 문명에서 더 이상 찾아

볼 수 없는 무언가가 있었다.

'그럼 통역은 어떻게 하지?'

백 군의 어머니에게 또 부탁할 수는 없는 노릇이었다.

'……그 일본 할머니는 어떨까? 좋아, 부탁해 보자.'

나는 두 주먹을 불끈 쥐었다.

다음 날 아침, 아직 하늘이 어둑할 무렵에 마산 버스터미널로 향했다.

불안한 마음으로 '산제리, 산제리'를 반복해 표를 구입하고, 손짓발짓을 동원해 버스에 올랐다. 어제 지프를 타고 이동했던 길을 다시 버스로 달려 간신히 산제리에서 내렸다. 거기서부터는 택시로 이동해 이래저래 오후에는 가야마을에 도착할 수 있었다.

작지만 군의 레이더 기지가 있는 마을에 여행 가방을 든 정체불명의 일본인이 다시 찾아오는 것은 상식을 벗어나는 행동이나 마찬가지다. 군에 알려지면 그냥 넘어가지 않을 터였다. 그렇기 때문에 서울에 있는 원 교수도 나에게 몇 번이나 주의를 주었다.

"군에 붙잡히면 일이 커지게 됩니다. 제가 보증인이 되어서 엔도 씨를 인도받으러 먼 거리를 이동해야만 해요. 그러니 아무쪼록 의심받지 않도록 조심하세요."

2년 전, 북한의 게릴라 3인이 선원으로 변장해 버마(현 미얀마)에 잠입하여 무시무시한 테러사건을 일으킨 적이 있었다. 친선 방문 중이던 전두환 대통령의 암살을 꾀하여, 일행이 참배를 위해 들른 아웅산 묘소에서 외무부 장관을 비롯한 21명이 폭파사건으로 사망한 일이었다.

그래서 한국은 관헌에 침입하는 수상한 자들에게 촉각을 곤두세우고 있었다. 그러나 표범에 관한 이런 비화(秘話)를 놓친다면 동물 작가란 직업을 관두는 것이 나았다.

가야마을 한복판에서 택시를 내리자 마을 사람들이 어리둥절한 표정으로 쳐다봤다.

"어라, 어제 그 일본 사람이 또 왔네?"

"그것도 혼자서……. 이상하네. 잃은 물건이라도 있나?"

7~8미터 아래에 있는 군부대에 들키지 않도록 등을 둥글게 말아 조심조심 황홍갑 씨의 집으로 향했다.

일본 할머니인 김 씨 할머니도 미심쩍은 표정으로 나와 있었다. 그러나 통역을 부탁하자 얼굴이 확 피었다.

"남자분들한테 이야기를 더 듣고 싶다고? 알았어, 선생님. 내가 통역해 주죠. 어제 아줌마보다 훨씬 잘할걸."

인근의 집을 돌며 여기저기 남자들을 불러 모았다. 황홍갑 씨의 부인을 살펴보니 출입문에 서서 미소를 띠고 있었다. 우선은 안심할 수 있었다.

어제와 같은 방에서 고인의 친구인 황차순 씨를 중심으로 소박한 옷차림의 연배가 있는 남자들 세 명이 자리를 잡고 앉았다. 술과 담배를 파는 집이 있다고 하기에 안주인 박순영 씨에게 돈을 건네주고 차 대신 진로 소주를 세 병 준비해 달라고 부탁했다.

"기특한 일본인도 있군. 이런 일이라면 매일 와도 환영이지."

"겨울에는 일도 없어서 놀고 있으니까 말이야, 진로라는 자양강장의 맑은 물은 말이지……."

마을 사람들의 총출동으로 사로잡은 표범

안주인도 김 씨 할머니도 투명한 잔에 살짝 웃더니, 휙휙 술을 비웠다. 알코올이 25도나 되는 술이었지만 둘은 꿈쩍도 하지 않았다.

나는 우선 표범의 체중에 대해 질문했다. 몸집이 큰 차순 씨가 한 손에 잔을 들고 찬찬히 생각하는 것이 보였다.

"무게 말이지…… 내가 한쪽을 들고 있었는데 한 40킬로는 훌쩍 넘었을걸. 안 그러나 자네?"

라고 얘기하자 동료가 고개를 끄덕였다.

"큰 개보다도 훨씬 커다래. 노란 털이 북슬북슬한데다가 동전 모양 같은 점박이가 꼬리 끝까지 있었어."

"표범이란 거 처음 봤는데, 거 볼만했었지."

"머리부터 꼬리까지 두 길 정도였던가……."

라며 양손을 두 번 펼쳐 보였다.

"그때 스무 명 정도 되는 남자들이 손에 몽둥이랑 낫, 손도끼 같은 걸 들고 조심조심 다가갔어. 표범이 시뻘건 입을 벌리고 송곳니를 드러내긴 했어도 도망은 못 갔지. 홍갑이의 덫에 단단히 걸려 있었으니까."

그는 조부로부터 어릴 적에 올무 거는 방법을 배웠다고 한다.

"배가 꽉 조여서 그런지 표범 소리가 마치 비명 같더라고. 캬~, 캬악~하는 게 말이지."

"철사 끝이 소나무에 묶여 있어서 대단한 맹수라 해도 어쩔 수 없었던 모양이야. 철사도 그냥 철사가 아니라 강철 와이어였거든."

"강철 와이어였나! 그래서 도망가지 못했구나!"

나는 탄식하며 소리쳤다.

"와이어는 얇지만 끊어지질 않거든. 표범을 차라리 두들겨 죽였으면 간단했을 텐데 홍갑이가 생포하자고 했지. 서울의 동물원에 보낸다고 말이야. 대단한 남자라니까, 표범을 전 국민에게 보이고 싶다나."

남자들은 두 갈래로 갈라진 나무를 손도끼로 잘라서 그것으로 날뛰는 표범의 목을 제압했다.

"움직이지 못하게 하고 홍갑이가 표범 머리에 마대를 씌웠어."

한 명이 구부정한 자세로 표범 잡는 흉내를 냈다. 그때 누군가가 밖에서 부르는 소리에 안주인이 방을 나섰다. 그러자 황차순 씨가 말을 이어 갔다.

표범에게 물린 사람

"뒷다리를 단단히 동여매고 앞다리를 모아서 묶으려는 찰나, 홍갑이 동생이 큰 상처를 입었지. 표범이 동생 손을 입안에 넣고 와작와작 씹었거든."

나는 놀라서 몸을 떨었다.

"지, 진짜로 표범에게 물린 겁니까?"

"물리고 자시고, 한쪽 손이 떨어져 나갈 정도로 큰 상처였어. 아이고……."

다시 조사하러 와서 정말 다행이었다. 창경원에 잡혀 있는 표범에게는 아주 귀한 뒷이야기가 있었다. 나도 모르게 술을 들이켰다.

마을 사람들의 얼굴이 점차 풀어져 가고, 차순 씨는 나에게 정중히 잔을 내밀었다.

"물린 게 아니고 발톱에 할퀸 거지."

"아니야, 깨물렸다고. 뒤에 있어서 못 봤으면서."

남자들이 큰 소리를 냈다. 안주인이 돌아와서는 손바닥을 펼쳐 보였다.

"도련님은 여기 이 부분을 표범의 발톱에 찢겨서 심한 상처를 입었어요. 뼈가 보일 정도의 상처라 마흔 줄에 가까운 도련님이 아이고, 아이고~울면서 산을 내려왔죠. 피투성이인 손은 손수건으로 꾹 누르고……. 다행히 농한기여서 손을 사용하지 않고 쉴 수가 있었어요."

"동생분의 성함이?"

"황홍수라고 합니다. 오늘은 소 파는 일을 도우러 가서 안 계세요."

표범에게 물린 사람이 있다니 전대미문의 일이었다. 귀중한 취재가 끝나고 밖으로 나가자 황홍갑 씨의 어릴 적 친구인 차순 씨가 지붕을 가리켰다.

"표범을 산 채로 잡은 건 오도산밖에 없을걸. 홍갑이가 기념비적인 일을 했죠."

기왓장 꼭대기에 '虎(호)'라는 글자가 새겨져 있었다. 특별히 주문해서 제작한 기와라고 했다. 계속 응시하고 있자니 몸속 깊은 곳에서부터 뜨거운 것이 가득 차오르는 느낌이었다. 그때 안주인 박순영 씨가 읊조리듯 조용조용 말했다.

"오도산에서는 뭐가 나와도 이상하지 않다고 남편이 늘 얘기 했죠."

"그렇군요, 역시."

라며 수긍하자 안주인이 마당 건너편에 위치한 방을 가리켰다.

"언제라도 조사하러 오세요. 바다 건너에서 방문해 주시는 건 기쁜 일이니까요. 다음에는 애 아버지가 사용했던 이 방에 묵으세요."

나는 가슴이 뭉클해졌다. 한국을 괴롭게 했던 일본인을 순영 씨는 따뜻하게 맞이해 주었다.

사냥꾼의 사진

오도산에서 표범이 사라졌다는 생각은 하고 싶지 않았다.

게다가 표범을 잡았던 사냥꾼의 얼굴은 아직 보지도 못했다.

갑자기 오도산을 하염없이 걷고 싶어졌다. 표범의 환영과 황홍갑 씨의 뒤를 쫓고 싶다는 열망이 점점 커져 갔다.

6월 초의 어느 날, 늦은 오후에 혼자 서울에서 경주 근처로 가는 버스를 타고 다시 한 번 표범의 집을 방문했다. 산제리에서 택시를 타고 가다가 문득 오도산이 보이는 장소에서 차창을 내리고 풍경 사진을 찍으려 하자 운전기사가 당황한 목소리로 "노, 노~, 노~, 폴리스, 폴리스"라고 만류하며 손을 저었다. 레이더 기지 때문에 경찰이 사진 촬영을 금지하고 있기 때문이었다.

하얀 구름이 떠다니는 오도산의 가야마을은 빠져들 것만 같은 깊은 초록에 둘러싸여 있었다. 밤꽃이 피어 산을 수놓고, 뻐꾸기와 소쩍새의 울음소리가 울려 퍼지며, 박새가 벌레를 물어 날랐다. 논에는 마을 사람들이 손수 심었을 모가 바람에 산들거리고 밭에는 파릇파릇한 푸성귀와 고추가 자라는 가운데 차양모자를 쓰고 일하는 사람들이 보였다. 지붕 여기저기에는 텔레비전 안테나가 세워져 있었는데, 마침 비닐하우스도 한 채 보였다. 마을 사람들은 이제 나에게 익숙해졌는지 더 이상 수선을 피우지 않았다. 동네 꼬마들만이 웃는 얼굴로 모여들곤

가야마을의 아이들

했다.

표범 집의 안주인, 박순영 씨가 앞치마를 두르고 마루로 나오다가 나를 보고 깜짝 놀라더니 재빨리 손을 털며 웃었다.

"아이고, 잘 오셨어요. 이거 얼른 김 씨 할머니를 불러야……."

부를 것도 없이 일본 할머니는 부랴부랴 와서 통역을 시작했다.

"오늘은 아침부터 고사리랑 약초를 캐느라 이제 막 돌아온 참이에요."

수돗가에 있는 대야에 고사리 묶음과 약초로 보이는 것이 담겨 있었다.

황홍갑 씨의 주민등록증 사진

"고사리를 혼자서 캐나요? 표범이 무섭지 않으세요?"

"표범이 나온다는 건 옛말이니 무서울 것도 없죠."

순영 씨에게서 태평한 대답이 돌아왔다.

나는 황홍갑 씨의 병에 대해 물어보았다.

"남편이 다리에서 떨어져 집에 실려 왔을 때는 놀라서 말문이 막혀 '아범, 정신 차려요' 하고 목소리를 높였었죠. 그런데 웬걸, 표범 한 마리 더 잡아 보이겠다며 허세를 부리더라고요. 그런데 다음 날이 되자 수족을 못 쓰면서 '아, 아' 하는 소리만……."

오도산의 사냥꾼은 8년 전까지 표범이 있다고 믿었던 것이다.

해가 떨어지자 안주인이 나를 손짓으로 부르더니 마루 끝의 작은 방에 들였다. 사냥꾼인 황홍갑 씨의 방이었다. 한 평 정도 되는 방은 구석에 작은 책상 하나뿐이었다.

'내가 황홍갑 씨의 집에 묵게 되다니, 이런 감격스러운 일이 있나!'

잠시 방을 둘러보다가 안으로 들어갔다. 돌바닥에서 찬 기운이 올라왔고, 풀 먹인 노란 종이를 장판으로 깔아 놓은 것이 보였다. 판자벽에는 낡은 신문지가 붙어 있었다. 온돌방이기 때문에 겨울에는 바깥에 있는 아궁이를 통해 불을 땠다. 평소에는 손자인 황규실 군이 사용하는 방이었다.

당시 규실 군은 열여덟 살이었다. 스무 살에 있는 병역의 의무를 하기 전까지 조모를 도와 논밭을 일구었다. 고등학생인 동생은 학교의 기숙사에서 장학금을 받으며 지냈고, 누이는 대구에서 더부살이를 하며 일하고 있었다.

규실 군은 큰 체격에 교련복을 입고 있었다. 사고로 죽은 아버지를 닮아 의젓하면서도 씨름에 강하다고 했다. 규실 군이 머뭇대며 나에게 작고 오래된 주민등록증을 내밀었다.

"할아버지 사진……."

오오, 안주인이 없다고 했던 황홍갑 씨의 사진이다!

다행히 손자인 규실 군이 소중히 간직하고 있었구나!

사진의 주인공은 턱수염을 덥수룩하게 기르고 있었다. 바로 이 사람이 표범과 공존했던 오도산의 주민인 건가. 일본에는 없을, 시공을 뛰어넘어 마주 하게 된 얼굴이었다! 일찍이 경상도 일대에 번영했던 신라인의 모습과도 같아 보였다. 나는 깊은 감동을 느껴 사진을 계속 바라보다가 하룻밤 빌려 달라 청했다.

마을 곳곳에 연기가 피어오르는 저녁 식사 시간이 되었다.

순영 씨는 마당에 자리를 깔고 더우니 밖에서 먹자며 손짓했다. 즐거운 마음으로 자리를 잡자 각자에게 검은색 소반이 나왔다. 보리밥과 깍두기, 고사리 요리와 볶은 양배추를 담은 사발이 놓여 있었다. 규실 군과 순영 씨가 마주 앉았다.

가느다란 은색 젓가락을 들고 식사를 시작했다. 고추장으로 버무린 고사리 요리는 매운 고추 맛이 났다. 볶은 양배추를 입에 넣자 '아!' 하는 감탄사가 나왔다. 담백하면서 부드러운 단맛, 분명 마을의 밭에서 키운 것이겠지. 양배추가 이렇게 맛있는 음식이었나 싶었다.

"정말 맛있군요!"

라며 먹자, 순영 씨는 기쁜 듯이 고개를 끄덕였다.

보리밥은 무를 작게 썰어 김치로 만든 깍두기와 잘 어울렸다. 표범을 사로잡았던 사냥꾼은 이런 음식을 매일 먹었을까? 오도산의 기를 담은 소박하고도 힘이 느껴지는 밥상, 느긋하게 맛을 보고 있자니 홍갑 씨에게 한 걸음 다가간 느낌이었다.

규실 군은 보리밥을 한 그릇 더 먹었다. 규실 군이 한 사람 몫의 일을 할 수 있는 나이가 되어서 순영 씨의 생활이 그만큼 편해졌다고 한다.

배가 불러 올 즈음, 골짜기 마을에는 황혼이 깊어져 갔다. 멀리 내려다보이는 산제리에 등불이 켜지자 논에서 청개구리의 떠들썩한 합창이 시작됐다.

표범 마을에서의 칠흑 속 하룻밤

순영 씨는 방에 들어가 얇은 이불을 폈다.

백색 자기를 갖고 들어오더니 구석에 두었다. 죽은 남편이 사용하던 요강이었다. 물이 담긴 컵을 입구에 두고 목이 마르면 마시라는 듯 손가락으로 가리켰다.

내가 고맙다고 답하며 고개를 숙이자 이불을 바로잡아 주고 베개를 놓아 둔 후, 안녕히 주무시라는 몸짓을 취하고는 밖으로 나갔다. 일본 사람임에도 나를 거리끼지 않는 태도였다.

이불 위에 앉아 20와트의 불빛 아래에서 다시 한 번 황홍갑 씨의 사진을 꺼내 자세히 살펴보았다. 갸름한 얼굴에 키가 큰 홍갑 씨는 약초를 찾는 데에 달인이라고 했다. 그는 마지막 낙원의 여러 가지 비화에 대해 알고 있었을 것이다.

"직접 만나서 듣고 싶었는데……. 산에서의 생활도……."

한탄하고 있자니 '쏙독쏙독~' 하고 쏙독새의 울음소리가 들려왔다. 번식을 위해 서쪽에서 동중국해를 건너온 놈이었다. 쏙독새는 마을 주변을 왔다 갔다 하며 날고 있었다.

나는 살그머니 밖으로 나가 보았다. 어둠에 잠긴 표범의 마을은 염소와 돼지마저 모두 잠들었는지 고요하기만 했다. 안주인과 손자 규실 군도 안방에서 잠들어 오도산은 오롯이 표범의 시간이 되었다. 내 방의 작은 불빛에 쏙독새의 울음소리가 모여들더니 금세 사라졌다.

오도산 산길

‘표범의 마을에서 하룻밤이라니 참 좋구나! 쏙독새도 울고 있고…….’

넋을 놓고 있는데 안방 위쪽에서 쏙독새 소리가 들려왔다.

구슬이 부딪치는 듯한 섬뜩한 울림. 이런 으스스한 쏙독새는 처음이었다. 허둥대며 방 불을 끄자 신비로운 표범의 숨결이 느껴졌다.

지금도 표범은 오도산의 어둠 속을 떠돌고 있는 것은 아닐까? 어미가 바위굴에 어린 새끼를 두고 고라니를 사냥하러 다니지는 않을까? 산 정상까지 남자 걸음으로 두 시간 정도가 걸린다고 했다.

‘좋아, 오늘밤은 밤새 표범을 찾아보는 거야.’

나는 예전부터 생각해 왔던 일을 현실로 이루기 위해 마당을 나섰다.

작은 랜턴을 손에 들고 발소리를 죽인 채 걷기 시작했다. 마을에서 멀어지자 손전등으로 주변을 비추어 보았다.

표범이 있다면 그 요기스러운 초록색 눈빛이 반사될 터였다. 한동안 길을 따라 계속 올라가다 보니 표범이 올무에 걸렸던 장소인 큰 바위가 불빛에 닿았다. 낮에 볼 때와는 다르게 소름이 돋았다.

'근처에 표범이 서성대고 있는 건 아니겠지…….'

한국의 야산에서 표범을 찾아 헤매다니, 제정신으로 할 짓은 아니었다. 그러나 기적이라는 것도 존재한다. 너무 제멋대로인 행동이긴 하지만…….

찬찬히 라이트를 비추고 있는데, 갑자기 소리도 없이 커다란 오토바이 한 대가 빨간 불빛을 점멸하며 산길 커브를 따라 내려왔다. 얼른 풀숲에 몸을 숨기자 이번에는 다른 오토바이가 올라오는 게 보였다. 큰일이다! 표범을 마주치는 것보다 위험한 순간이었다. "경솔한 행동은 하지 마세요!"라던 원 교수의 경고가 떠올라 오싹해졌다. 들켜선 안 될 일이었다!

군의 오토바이가 한밤중에도 돌아다니고 있다니……. 이래서야 경계심 강한 표범이 있을 리 만무했다. 게다가 어두운 한밤중에 일본인을 보게 된다면 군인이 발포할지도 몰랐다. 당황한 나는 방으로 돌아갔다. 물을 벌컥벌컥 들이켜고는 심호흡을 반복했다.

무시무시한 손톱자국

새벽에 쏙독새가 한바탕 지저귀는 바람에 저절로 눈이 뜨였다.

결국 기적은 일어나지 않았지만, 나는 마당에 나가 표범 마을에서의 아침을 맛보았다. 겨울에는 궁핍한 마을이라고 생각했던 곳인데, 지금은 산간계곡에서 피어나는 안개에 둘러싸여 형용할 수 없는 향기로 가득 차 있었다. 논밭과 가축이 자아내는 내음에, 꽃향기 같은 것이 짙게 섞여 있었다.

오도산의 마을 사람들은 일찌감치 움직이고 있었다. 큼지막한 누런 소가 목에 달린 방울에서 차랑차랑 소리를 내며 지나갔다. 호랑이로부터 위험을 막기 위해 방울을 달아두었던 옛 습관이 남아 있는 모습이었다. 소 그림자에 열 살이 채 될까 말까 한 남자아이가 줄을 쥐고 있는 것이 보였다. 커다란 소를 마치 강아지 산책시키는 것처럼 말까지 걸어가며 뒷산에 풀을 뜯기러 가는 모양이었다.

"워워, 워워, 워."

집에서 제일가는 재산을 끌고 있다는 것 때문인지 표정마저 어른스러웠다.

숲에서 요란스럽게 우는 것은 꾀꼬리, 마을 안에 울려 퍼지는 좋은 새소리는 흰배지빠귀인가. '휘익, 휘휙' 하고 휘파람새도 울어댔다. 표범 모자도 살아 있으면 들새 소리에 은색 콧수염을 실룩거렸겠지.

안주인 순영 씨가 웃는 얼굴로 방 안까지 아침 밥상을 날라 왔다.

발치에 새끼 오리 다섯 마리가 꽥꽥거리며 쫓아왔다. 다리가 달린 소반에는 스테인리스 주발에 고봉으로 담긴 보리밥과 된 장국, 그리고 무김치와 양배추 볶음이 놓여 있었다. 작은 주발에는 검붉은 색의 삶은 가재 대여섯 마리가 있었는데, 오늘 아침에 손자인 규실 군이 논과 작은 개천에서 잡아 왔다고 했다.

작은 가재는 게와 새우를 섞어 놓은 듯한 맛이었다. 집게발만 남기고 먹어 치우는데 마당에서 소리가 나더니 몸집이 자그마한 아저씨가 나타났다. 63세의 황홍수(黃紅秀) 씨였다. 황

황홍수 씨와 파란 옷의 일본 할머니

홍갑 씨의 여섯 살 어린 동생으로, 그날 표범의 발톱에 큰 상
처를 입은 사람이었다. 세 번째의 방문에서야 드디어 만나게
된 것이다. 재빨리 김 씨 할머니를 부르고 홍수 씨에게는 오른
손을 보여 달라고 했다.

두텁고 거친 손바닥에 세로로 길게 나 있는 하얀 줄. 표범에
게 당했던 상처 자국이었다! 그 양쪽에는 흔적이 옅어진 두 줄
이 더 있었다. 이십 년이 지나도 남아 있다는 것은 그만큼 깊
은 상처라는 증거였다. 표범이라 불리는 육식동물의 위력에 소
름이 돋았다. 경동맥이라도 잘린다면 살아남지 못할 것이 분명
했다. 홍수 씨는 그런 발톱에 당한 것이다.

표범에게 입은 상처 자국

"호되게 당했지……. 표범 발을 묶으려고 했는데 발톱에 '삭' 하고 손이 떨어져 나가는 줄 알았구먼."

홍수 씨는 표범이 앞발을 벌려 공격하는 듯한 자세를 취했다. 병원에는 가지 않고 약초만 붙여서인지 쉽사리 낫지 않는 바람에 중요한 오른손을 반년이나 사용하지 못해 옴짝달싹 못했다고 말했다. 홍수 씨의 사진을 찍고 "표범이 아직 남아 있을까요"라고 질문하자 홍수 씨는 당황한 표정을 지었다.

"표범잡이는 이제 사양이야. 이런 상처 또 입으라고? 아이고~."

홍수 씨는 오른손을 가슴에 품고는 가 버렸다.

마을 아무개네 보리 베기로 바쁘다고 했다. 김 씨 할머니의 통역은 요점을 벗어나는 일이 간혹 있었다.

첩

표범과 황홍갑 씨의 흔적을 더듬기 위해 며칠 더 묵고 싶었지만, 군대가 밤에도 정찰을 도는 탓에 그만두는 편이 나을 것 같았다.

김 씨 할머니에게 작별 인사를 건네러 담벼락의 문을 지나가니, 김 씨 할머니는 모시 한복을 시원하게 입은 시원하게 입은 할아버지와 1.5평 정도 되는 방에 있었다. 마당에는 어미와 새끼로 보이는 황소 두 마리가 매어 있는데 말끔한 차림새의 중년 아주머니가 혼자 돌보는 중이었다.

김 씨 할머니와 함께 있던 나이 지긋한 할아버지는 일흔 정도의 나이에 백발 머리를 잘 빗은, 마을 유지처럼 보이는 사람이었다. 흑백 텔레비젼도 있는 것이 황홍갑 씨의 집보다는 살림살이가 좋아 보였다. 할아버지는 히로시마에 있을 때에는 일본어를 했다는데 지금은 완전히 잊은 상태로 보였다. 김 씨 할머니가 '자, 자~' 하며 나를 안으로 들이더니 갑자기 출입문을 닫았다.

"그런데 선생님, 어제 통역비 말인데. 영감이 받으라던데."

김 씨 할머니가 눈웃음을 치며 말했다.

나는 놀라고 말았다. 간단한 선물용 과자로 예를 차렸는데 부족했던 것일까. 마지못해 몇 장의 지폐를 내밀자 할머니의 태도가 확 바뀌었다.

"어머나, 이렇게나 많이 주시는 거요? 아이고, 미안해라."
하며 슬쩍 할아버지에게 건넸다.

할아버지는 무표정하게 안쪽 주머니에서 갈색 천으로 된 염낭을 꺼내더니 끈을 풀고 안에 있는 지폐 사이에 받은 돈을 끼웠다. 그걸 보던 김 씨 할머니가 천연덕스럽게 말을 늘어놓았다.

"염낭이라니, 보기 드물죠? 이 영감이 수전노라서. 잘 때도 저걸 손에서 놓지 않는다니까."

김 씨 할머니는 수전노라는 어려운 일본어를 잘도 기억하고 있었다. 수전노 할아버지는 염낭의 끈을 묶고 태평하게 품에 갈무리했다.

"영감이 자기는 일도 안 하면서 한 푼 내놓기도 아까워해, 호호. 소고기나 생선 같은 건 정월이나 추석 외에는 좀처럼 사지도 않고."

추석(秋夕)은 한국의 오봉(お盆: 일본의 명절)으로, 맛있는 음식을 만들어 선조를 공양하는 날이다.

"이 사람은 날이 밝으면 가만있질 못해. 나랑 저거더러 고사리 캐 와라, 논에 김을 덜 맸네, 배추 좀 봐라, 벌레 천지다……. 명령만 해대고. 나는 이제 일도 제대로 못 하는데 말이야. 일본에 끌려갔을 때 히로시마 원폭 때문에 다리를 다쳤거든. 아, 저게 누구를 말하는 거냐 하면……."

소에게 여물을 주는 아주머니를 턱으로 가리켰다.

"삼십 년쯤 됐나, 영감이 어디 장에서 주워 왔어, 친척도 없고 불쌍하기에 거두어 줬지. 귀가 안 들려서 말도 못하고."

"일본에서 말하는 '그거'예요, 그거. 영감의 첩. 오호호, 대충 손짓으로 알아듣긴 하지. 나보다 세 곱절은 움직이는 것 같아. 이 좁은 방에서 세 명이 같이 자는데 가운데가 영감 자리지."

"……."

"영감이 처음에는 이쪽을 향해서 자는데, 밤에 정신 차려 보면 저걸 껴안고 있더라고."

입이 딱 벌어지도록 놀랐다. 할아버지는 부끄러워하지도 않았다. 그러더니 갑자기 소리를 질렀다.

"이 바보 같은 할망구가!"

나는 깜짝 놀라 몸을 엉거주춤 일으켰다. 그러자 할아버지는 히죽 웃었다. 기억하고 있는 일본어는 그 외에 '미안합니다'와 '안녕'이라는 인사뿐이었다.

독사에 물린 할아버지

"영감은 3년 전부터 설렁설렁 놀기만 하오. 그러고 보니 독사에 물려서 저승 구경했을 때부터네."

"네, 독사요?"

"아니, 돌아왔다고 해야 하나? 저승에서……. 호호호."

또다시 놀라운 이야기를 들었다.

"그게, 영감이 그날 밭에서 독사를 발견하고는 뱀 머리를 고무신으로 밟고 서서 '돈 벌었다!' 하고 손뼉을 친 거야. 독사를 가져오면 높은 값을 쳐 준다는 사람이 있거든."

나는 "그러고요?"라면서 숨을 삼켰다.

"이 영감 마음이 붕 떠서 뱀 껍데기를 벗기려는데 독사가 목을 비틀면서 엄지발가락을 꽉 문 거야. 고무신 위로 덥석 하고. 영감이 '아야야, 아야야' 하면서 비명을 질러 대는 걸 보니 차라리 안 하느니만 못한 돈벌이였지."

어안이 벙벙했다.

"독사에 물렸을 때, 저거랑 내가 자빠진 영감 발을 붙들고 입으로 독을 빨아냈는데 영감 발이, 갑자기 통나무처럼 퉁퉁 부어서는……. 제가 의지하는 영감이 죽을 거 같았는지 저게 엉엉 울면서 독을 빼더라고."

할아버지는 무릎을 내놓고 보여 주면서 눈을 반쯤 뜨고 악악대며 죽는 시늉을 냈다. 꽤 실감나는 연기였다.

"덕분에 영감이 살았지."

"그 독사는요?"

"쓰러진 영감을 쳐다보고는 굼실굼실 도망쳤어. 위쪽 밭에 아직 있으려나……."

할아버지에게는 안됐지만 나는 안도의 한숨을 내쉬었다.

마당 안쪽에 있는 나무뿌리 근처에서 다람쥐가 촐랑거리고, 까치 두어 마리가 파닥거리며 요란을 떨었다.

짧은 소총을 맨 군인이 오토바이를 타고 오도산을 오르고 있었다. 나는 목을 움츠리고 지나가기만을 기다렸다. 차순 씨가 산 정상에서 밑을 내려다보면 절경이라고 했던 말이 생각났다. 바로 북쪽에 해인사가 있는 가야산이 치솟아 있고, 멀리 남쪽으로는 지리산 봉우리도 보인다고 했다. 옛날에 호랑이와 표범이 군림했던 산맥을 보고 싶었지만, 군인들이 눈을 번뜩이고 있어 포기할 수밖에 없었다.

방순 할머니가 넘어져서 다쳤다는 이야기를 들었다. 방순 할머니는 춤을 추며 나를 환영해 주었던 할머니가 아닌가? 안된 마음에, 출발 전 김 씨 할머니와 함께 문병을 갔다.

행방불명된 신부

　방순 할머니의 오래된 목조 집 울타리에는 개나리를 닮은 노란 꽃이 피어 있어 마른 풀 냄새가 났다. 마당에는 구멍이 뚫린 거목 두 그루를 비스듬하게 뉘어 놓았는데 그 구멍으로 꿀벌이 붕붕 드나들고 있었다. 거목을 통째로 벌통 삼아 양봉을 하다니, 마치 선사시대 같았다.

　할머니는 툇마루에 걸터앉아 있었다. 오른쪽 눈 주위를 보니 아파 보일 정도로 멍이 들어 있었다. 마당의 돌을 잘못 밟아 굴렀단다. 김 씨 할머니는 예상 밖의 상냥한 목소리로 말을 걸었다.

　"형님, 괜찮아요? 무리하지 말고 좀 쉬어."

　"오늘은 꽤 좋은 편이야……. 어지럽지도 않고."

　혈압이 높아진 건 아닌가 해서 물어보았더니 그런 건 재본 적도 없다고 했다. 방순 할머니가 '엇차' 하고 일어서서 부엌으로 가더니 검은 병에서 쟁반에 놓인 3개의 그릇에 하얀 액체를 따라 주었다. 입에 대자 소박한 느낌의 향이 올라왔다.

　"이야, 맛있네요. 감주가 이렇게 맛있는 거였나."

　쩝쩝대며 말하자 방순 할머니는 기쁘다는 듯이 손동작으로 춤을 추는 흉내를 냈다. 동시에

　"도라지, 도라지, 백～도오라아지～."

하며 큰 소리를 냈다. 신라의 오래된 노래인가 싶어 엉거주춤

따라서 춤을 추려고 하는데 도중에 노래가 멈추었다. 방순 할머니가 끙끙대며 신음소리를 내고 있었다. 넘어진 것 때문에 괴로워 보여, 노래는 다음번에 들려 달라고 말했다. 김 씨 할머니도,

"그렇게 해요. 무리하지 말고."

라며 방순 할머니의 넓은 등에 손을 얹었다.

"선생님, 이 형님은……덩치만 큰 게 아니라 마음 씀씀이도 커요. 우리가 히로시마에 끌려갔다 돌아왔을 때, 마을에서는 일본 물 들었다고 상대를 안 해줬는데……. 얼마나 괴롭힘 당했는지 몰라. 근데 이 형님이 지켜 줬어. 그 뒤로 마을 사람들과도 점점 사이가 좋아진 거고."

"정말 좋으신 분이군요."

마루 끝 덤불에서 유유히 휘파람새가 울고 있었다.

감주를 홀짝대면서 문득 입을 떼었다.

"황홍갑 씨의 아드님 부인께서는 돌아가신 거지요?"

"아뇨, 선생님. 안 죽었어!"

할머니들이 기겁하며 말했다.

"아마 건강하게 잘 살아 있을걸? 튼튼한 여자였으니까."

"그래요? 이전에 왔을 때 손자분의 어머니는 작년에 돌아가셨다고 들었는데……."

"아니야, 선생님. 마산에서 왔던 아줌마 통역이 서투르네. 그 부인 되는 사람은 행방불명이야."

"뭐라고요?"

"작년에 노망나 죽은 사람은 표범을 잡았던 홍갑이네 어머니를 말하는 거야."

"그런가요, 그럼 손자 셋의 어머니는?"

"없어졌어, 그 여자는⋯⋯."

김 씨 할머니는 마치 내가 나쁜 것처럼 큰 소리로 이야기했다.

"남편인 석훈이가 그 당시 유행했던 객지벌이에 이끌려서 대구에 가는데, 지하도 파는 일에 혹사당하고 돌아오는 길에 그만, 큰 도로에 우왕좌왕하고 있다가 택시에 치였어. 치인 사람이 잘못했다고 보상 한 푼 없더라고."

방순 할머니도 나지막이 한숨을 쉬었다.

"산에서 자란 석훈이가 갑자기 도시로 나가서는 안 되는 거였어. 자동차도 제대로 본 적 없을 텐데⋯⋯. 그런 일보다 도토리 주워서 묵 만들고, 약초나 버섯 캐서 시장에 내다 팔면 돈은 적게 벌더라도 살아는 있었을 거 아니야⋯⋯. 아이고⋯⋯."

목소리가 가라앉았다.

"그때, 석훈이 신부가 스물세 살이었지. 애기는 발걸음 떼었을 무렵이니까 두 살 하고 세 살, 그리고 그 위에 딸이 다섯 살이었나⋯⋯."

끊임없이 운명을 견디며

"매우 힘드셨겠네요. 그때부터 아내분은 남편 없이 살아온 겁니까?"

김 씨 할머니는 혀를 차고는 이야기를 계속했다.

"애들 셋을 두고 돈 벌러 간다며 집을 나갔어. 그 후에 한 번 돌아와서는 아들 둘을 껴안고 양쪽 젖이 텅텅 빌 때까지 먹인 게 끝이었지. 어디서 어떻게 살고 있는지 알 수가 있어야 지……."

"그럼…… 여기저기 수소문은 해 보았나요?"

"찾아서 뭘 어째. 돌아와 봤자 전사한 남편이 살아 돌아오는 것도 아니고."

김 씨 할머니는 교통사고를 전사라고 표현했다.

"그래도 순영이는 걔가 돈 벌어 올 거라고 그저 오로지 손주들만 데리고 기다리는 거지. 착해 빠졌다니까……."

라고 말하는 방순 할머니의 미간에는 깊은 주름이 파였다.

표범을 잡았던 한국 최후의 사냥꾼이 이렇게까지 불행에 빠질 줄이야. 아들은 교통사고로 잃고, 그 아내는 행방불명. 본인도 자리보전한 채 결국 일어나지 못했다. 가난한 아시아의 산골 마을을 상징하는 듯한 인생 이야기가 아닌가?

"그 아내는 좀 통통하고, 평범한 여자였어."

김 씨 할머니는 어느 정도 진정하고 이야기를 털어놓았다.

"그래, 명랑한 성격이었어. 남편인 석훈이랑 장난도 잘 치고, 표범 한 마리 더 잡아 오라고 조르기도 했지. 그 돈으로 집 바꾸자고. 사람 좋은 석훈이보다 쾌활한 여자였지. 그런데 남편을 뒷산에 묻고 와서부터 넋을 놓아서는…… 아이구……."

방순 할머니도 중얼거렸다.

"아픔도 뭐도 물 흐르듯 없어지는 거야. 돈을 벌어서 돌아올 생각이었겠지만 그게 잘 안 되니……. 빚을 내도 먹고사는 것만으로 빠듯했을 거야."

초연하게 어깨를 늘어뜨린 젊은 신부의 모습이 아른거렸다.

"귀여운 세 아이를 생각하면서 얼마나 울었을까……. 그치, 형님?"

갑자기 김 씨 할머니가 코를 훌쩍였다. 그악스러운 할머니라고만 생각했는데, 삶의 애환을 아는 사람이었다. 세 명의 아이들은 순영 할머니가 제대로 된 수입도 없이 키워 왔다. 그녀는 그저 운명을 참고 견디며 우는소리 한 번 하지 않았다고 한다.

맞은편 흙더미에서 꿩이 울어 댔다. 방순 할머니는 이파리가 붙은 조릿대를 손에 들고, 눈으로 처마 밑에 나부끼는 새 그림자를 쫓고 있었다. 무엇인가 해서 보니 제비였다.

"논밭에 있는 벌레를 먹으면 될걸, 제비가 우리 꿀벌까지 먹어 치운단 말이야. 어쩔 수 없지."

제비는 마을 여기저기에 둥지를 틀고 있었다. 양봉에 방해가 된다는 말은 처음 들었다.

조릿대로 쫓아내자 제비는 지붕 너머로 잠시 사라졌지만 다시 지지배배, 지지배배 하며 돌아왔다. 대담하게도 낮게 날아들며 벌집 입구에 드나드는 벌을 낚아챘다.

"아이고~, 또 잡아가네!"

방순 할머니가 눈썹을 찌푸렸다.

저승에 가까운 가난한 마을

황홍갑 씨의 일가는 오도산 안자락에서 대대로 밭을 일구면서 거름까지 얻을 수 있는 소도 한 마리 키우고, 김치도 만들어 먹으며 행복하게 살고 있었다. 급속한 근대화 탓일까? 도로도, 신호등도, 그리고 보험제도도 제대로 갖추어지지 않은 이곳에 비극이 덮쳤다.

순영 씨가 밭일로 바쁠 때에는 방순 할머니나 가까운 사람들이 아이들을 돌봐 주며 도와주었다. 그 일을 재차 반복하며 이야기하는 김 씨 할머니는 언성을 높였다.

"큰돈을 벌고 우쭐해져서 기와지붕이나 올리고 그러니까 홍갑이네가 벌을 받은 거라고, 저 집 험담을 하는 사람도 있었어."

방순 할머니는 근처에 제비도 없는데 조릿대를 휙 하고 휘둘렀다. 마치 그런 이야기는 하지도 말라는 듯이. 그러고는 감주로 젖은 입가를 손등으로 훔치더니 서서히 화제를 바꿨다. 한쪽 눈은 절반만 뜨인 상태였다.

"여긴 보시다시피 저승에 가까울 만큼 가난한 마을이지만, 선생님."

귀를 의심했다. 팔순을 넘은 방순 할머니의 말은 예상 밖의 것이었다. 저승에 가까운 가난한 마을이라니…… 이 얼마나 문학적인 표현인가.

"여름엔 태평하니 살 수 있는 천국이오. 오도산에서 산나물과 약초가 나오고, 게다가 우리가 직접 키운 배추와 양배추는 맛도 참 좋지. 대구에서처럼 죽을 것같이 바쁜 일도 없고, 역시 여기가 천국이지. 그렇지, 일본댁?"

일본 할머니라고 불리는 김 씨 할머니가 '맞어, 맞어' 하며 맞장구를 치더니 지지 않고 말하기 시작했다.

"겨울도 어떻게든 지낼 수 있어, 감자랑 김치만 있으면……."

볕에 잘 그은 할머니들에게서 눈을 뗄 수 없었다. 이건 꽤 높은 수준의 인생관이 아닌가? 아니, 일본의 시골도 이전까지는 이런 생활을 하고 있었다.

그러나 지금의 일본은 거대한 물질문명에 이끌려 대량의 에너지를 소비하는 나라가 되었다. 그 결과, 처리할 수 없을 정도로 많은 폐기물이 나와 대기도 물도 더러워졌다. 이런 것이 선진국이라고 할 수 있는가?

초로의 아들이 경운기에 묶어 놓은 보리 더미를 쌓아 놓고 이쪽으로 내려왔다. 오래된 마을이지만 기계가 도입되어 있었다. 경운기는 마치 리어카처럼 갈색으로 여기저기 녹이 슨 상태였다. 조용한 툇마루 끝에서 할머니 두 분과 앉아 있다가 문득 가야마을은 지구 환경에 더없이 부하가 적은 마을일 거라는 생각이 들었다.

마을 사람들은 산의 기운으로 자란 쌀과 보리, 채소를 먹고 한결같은 하늘의 은혜에 땀을 흘려 일한다. 정원에서는 꿀을 채취하고, 직접 거둔 재료로 감주와 도토리묵을 만들어 먹는다. 남편을 잃은 비운의 신부도 있지만 이렇게 봤을 때, 오도산의 마을은 아직 낙원이라고 부를 만한 곳이 아닐까?

그렇게 깨닫자 가슴이 북받쳐 올랐다.

헤어지기 섭섭했지만 방순 할머니에게 아무쪼록 몸조심하시라는 인사를 드리고 순영 씨의 집으로 돌아왔다. 부지런한 안주인은 논을 둘러보러 갈 생각인지 장화를 신고 있었다. 공중전화를 이용해 택시를 불러 기다리는 사이에 마지막으로 한

오도산에서 내려다본 가야마을

번 더 홍갑 씨의 말년에 대해 물어보았다.

그러자 순영 씨의 얼굴에 구슬픈 미소가 떠올랐다.

"그 사람이 손주들에게 아버지 노릇을 대신해 주었죠…….
표범을 잡을 정도의 남자였는데, 도시는 싫어했어요. 버스에서
지독하게 멀미를 해 대서 차가 호랑이보다 무섭다고 말하곤
했지요. 그래서 아들의 타향살이도 사실 기뻐하지 않았어요.
누가 뭐래도 우리는 산에서 사는 게 최고라면서……."

표범을 찾는 나의 여정은 헛되지 않았다.

오도산의 사냥꾼은 산에서 나는 것들로 검소하게 살았고, 그
의 말년은 나도 동경하는 느긋한 삶이었다. 때마침 택시가 와
서 아쉬워하며 순영 씨와 작별했다.

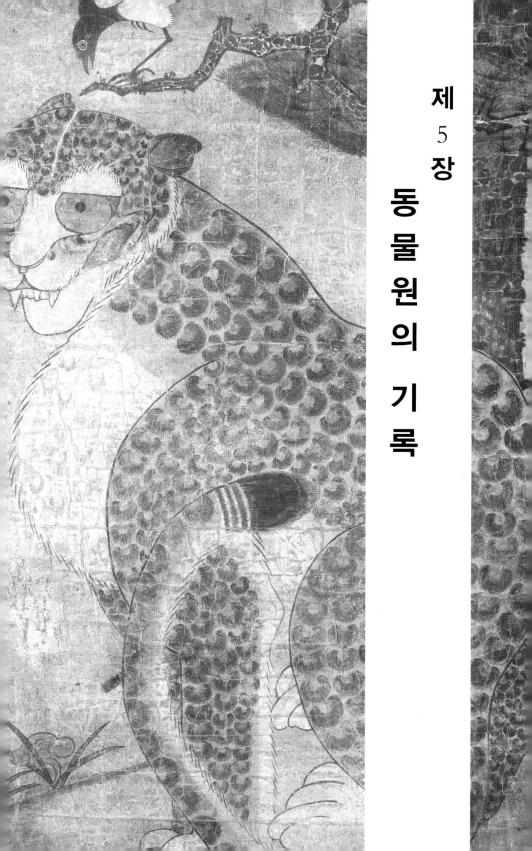

어린 표범

저녁 무렵, 경주를 거쳐 서울의 거대한 고속버스 터미널로 돌아왔다. 인구 천만 명의 대도시인 서울에는 엄청난 수의 자동차와 사람이 넘쳐났다. 이것이 경제성장인가. 허우적거릴 정도의 배기가스 양만 봐도 지방과의 격차가 점점 커져 가는 것을 알 수 있었다.

다음 날, 서울대공원의 동물원을 방문했다. 이곳은 1984년에 창경원 동물원을 옮겨 만든 한국 최대의 동물원이다. 오도산의 표범에 대한 것은 오창영 부장(57세)에게 물어보았다. 목에 엘크 문양의 루프 타이를 맨 오 부장은 나를 흔쾌히 맞이해 주었다. 오 부장은 내가 현지 조사를 했다는 말을 듣고는 놀라움을 표하며 표범에 대한 자료를 내어 놓고 펼쳐 보였다.

"그 표범은 62년 2월 20일, 드럼통에 담긴 채 트럭에 실려 서울 창경원에 운반되어 왔습니다. 당시, 아직 한 살도 되지 않은 수컷이었죠. 체중은 10킬로그램 정도였고요. 예? 마을 사람들이 40킬로그램이라고 했다고요? 말도 안 돼요."

오 부장이 얼굴을 찌푸렸다.

"어린 표범이니까 산 채로 잡을 수 있었던 거예요. 다 자란 표범이라면 사람이 절대로 다가갈 수가 없죠. 덫에 걸린 상태라도 쉽게 덤벼들어 사람을 죽일 겁니다. 표범 앞발의 발톱은 날카로운 나이프나 다름없어요."

"그렇군요, 역시."

"한국에서 야생 표범은 호랑이처럼 멧돼지나 사슴, 노루, 고라니를 포식했었지만, 호랑이와는 좀 다르게 작은 것들도 사냥했던 것 같아요. 너구리, 오소리, 사향노루라든가 족제비, 산토

가야마을 표범의 초기 모습(창경원 동물원)

가야마을 표범의 동물원 모습

끼, 다람쥐, 꿩, 들꿩 같은 것들도 먹이로 삼았기 때문에 호랑이보다 오래 살아남을 수 있었던 거겠죠.”

표범은 다가오는 먹이를 매복해 있다가 점프해서 잡는다. 나무 위에 숨어서 지나가는 먹잇감을 덮치는 경우도 있다.

동물원에서는 하루에 토끼고기 1킬로그램과 닭고기 2킬로그램을 공급하고, 주 1회는 절식시켰다. 늠름하게 성장했지만 창경원의 우리가 좁은 탓에 운동 부족이었다.

남북의 긴장이 계속되는 가운데, 한국에서 자연보호라는 것은 우선순위가 뒤로 밀려난 상태였다. 그러나 1969년 IUCN(세계자연보전연맹)은 아시아에서의 호랑이 격감을 세계에 알렸고, 그것을 계기로 1970년에 인도의 호랑이 수렵이 금지되자 드디어 한국에서도 사라져 가는 것들에 대한 가치를 깨닫게 되었다.

동물원에서는 이 표범의 자손을 남기고 싶어 했지만 암컷 표범이 발견되지 않았다. 어쩔 수 없이 인도 표범 암컷을 구입해 동거시켰고, 무사히 교미가 이루어져 1972년 9월 17일에 두 마리의 새끼가 태어났다. 모두 암컷이었다. 하지만 어찌 된 일인지 그 이후로 인도 표범은 임신하지 않았다.

오도산의 표범은 1973년 8월 11일, 더위가 한창일 때에 순환기 장애를 일으켜 쓰러졌다. 병든 표범은 여름이라 파리가 꼬여도 꼬리로 쫓는 것이 불가능해 구더기가 끓고 말았다. 어떻게 해서라도 구하고 싶었지만 위험해서 손을 댈 수가 없었다. 같은 달 19일, 새벽 4시 30분에 귀중한 표범은 죽음을 맞이했다. 사육된 지 11년 하고도 5개월 만이었다. 사망 시의 체중은 87킬로그램으로 과체중이었고 유감스럽게도 모피가 상해 박제는 불가능했기에 골격 표본을 만들 수밖에 없었다. 몸길이 98센티미터, 높이 69센티미터, 가슴둘레 95센티미터이고, 꼬리

길이는 담당자가 기록하지 않아 불명이었다.

조선 표범 사망 후, 혼혈로 태어난 표범에게 수컷 인도 표범을 들였지만 교미를 하지 않았다. 지금은 혼혈 암컷 한 마리만 살아 있다.

"그 암컷에게도 조선 표범의 특징이 잘 남아 있습니다."

오 부장이 표범 우리까지 안내해 주었다. 인도 표범과의 혼혈임에도 당당한 풍채의 표범이었다. 허연 송곳니를 드러낸 모습은 도저히 생포할 수 있는 크기의 표범이 아니었다.

아직 남아 있는 표범

오 부장은 놀랄 만한 이야기를 털어놓았다.

"오도산 표범이 도착하고 아마 2~3년 후였을 겁니다. 이리시(裡里市: 현 익산시)에 있는 교회 목사가 젊은 암컷 표범이 필요하지 않냐면서 연락을 해 왔어요."

"네? 이리시가 어디인가요?"

"전라북도 서해안의 군산 가까이에 있는 큰 마을입니다. 오도산과는 거리가 좀 있고요. 사냥꾼이 덫으로 포획했다고 하기에 즉시 직원을 파견했지만 돈이 문제였습니다. 이미 결정한 거래 비용이 너무 싸다면서 올려 달라고 했어요. 동물원에서는 오도산의 표범과 짝을 이루어 번식을 시키고 싶어 했으니까

무리를 해서 인상에 응했는데 그쪽 관계자가 또 가격을 올리는 겁니다."

이리시도 소백산맥의 서부 지역에 있기 때문에 산이 깊은 지역이었다.

"재차 직원을 파견하던 와중에 그 표범의 앞발이 호랑이 덫에 걸려서 떨어져 나갔다는 것을 알게 되었습니다. 거금을 들이는데 죽어 버리면 소용없다고 시의 상부로부터 지시가 내려와서…… 안됐지만 매입은 없던 일이 됐죠."

강철로 만들어진 호랑이 덫은 백 년 전부터 사용해 오던 것으로 동물의 다리를 잡아채는 잔혹한 사냥 도구다.

"이리시에서 표범을 잡은 연도와 일시, 장소를 알고 싶습니다."

하고 부탁했지만 담당자는 퇴직했고 기록은 없다는 대답이 돌아왔다. 이리시의 교회 이름도 알 수 없었다.

한국의 서남단인 목포시의 초등학교에는 1907년, 서해안에 인접한 불갑산에서 포획된 호랑이의 박제가 남아 있다. 이리시는 그 호랑이가 잡힌 곳에서 북쪽으로 200킬로미터 떨어진 곳에 위치한다. 예전에는 호랑이뿐만 아니라 표범도 있었던 것으로 예상됐지만 나는 자금 부족으로 조사하러 가지 못했다. 게다가 이리시에는 교회 수도 적지 않은 것 같았다.

그 표범은 아직 미성숙했다. 인간에의 경계심이 옅어서 호랑이 덫에 걸리게 된 것일까? 어쨌든 표범이 번식했던 바위굴이 1960년대까지 한국 남부에도, 서부에도 존재했던 것이다.

조사에 많은 도움을 준 원병오 교수를 방문해 오도산의 일

에 대해 보고하자

"군 레이더 기지가 있었다고요? 그나저나 무사히 조사를 마치셨네요, 한국어도 잘 못하면서."

라며 기막혀했지만 곧 고개를 갸웃거렸다.

"그런데…… 지금도 혹시 표범의 자손이 남아 있을까요? 소백산맥은 위대하거든요."

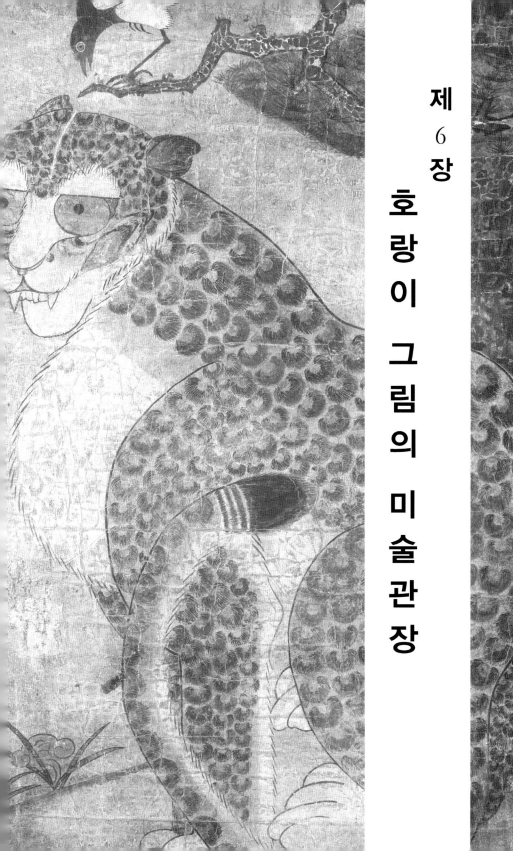

해학적인 호랑이 그림

원 교수의 부추김으로 나는 충청북도 보은군의 에밀레미술관으로 향했다. 에밀레미술관은 호랑이 민화 미술관으로 널리 알려져 있었다. 그림은 조자용이라는 개인이 수집한 것들이었다. 어쩌면 그곳에 호랑이나 표범에 관한 단서가 있지는 않을까?

미술관은 보은군 교외의 넓은 잔디밭 한가운데에 있었다. 미술관이나 박물관 같은 교양 시설은 어느 나라에서나 경영이 곤란한 편이다. 그런 것이 지방 도시에 있다니 굉장하다는 생각이 들었다. 접수처에는 안경을 쓴 나이가 지긋한 여성이 있었는데 관내는 텅 비어 손님이 한 사람도 없었다. 조자용 관장이 직접 마중을 나왔다.

"이런 이런, 어서 오세요. 일본에서 오는 사람은 좀처럼 없는데 말이죠."

부드러운 미소를 지으며 단 한 명의 손님을 위해 가이드를

해 주었다. 1926년, 범띠 해에 태어난 조자용은 185센티미터의 장신으로 일본어가 능숙했다. 어릴 적에 일본어 교육을 엄격하게 받은 탓이라고 했다.

넓은 관내를 안내받기 시작하자 벽을 꾸민 조선시대의 호랑이 그림에 어안이 벙벙해졌다. 도사 차림의 산신령을 등에 태운 호랑이, 선인에게 시중을 드는 개처럼 순종하는 호랑이, 까치와 장난치는 호랑이, 독한 술에 취해 있거나 머리는 표범이고 몸은 호랑이인 그림 혹은 그 반대로 머리가 호랑이에 몸이 표범인 경우도 있고 호랑이와 표범이 부모 자식 혹은 형제, 부부로 그려진 것도 있다. 일본 그림에서 보아 왔던 맹호와 같은 살기는 전혀 없었다. 어느 그림에서나 호랑이는 술고래에 친근한 느낌이었다. 관장은 천천히 걸어가면서 설명해 주었다.

"한국에서는 호랑이를 나라의 상징이라고 합니다. 누구나 호랑이를 좋아하지요. 어린이들은 특히 말입니다. 호랑이는 백수의 왕이니까요. 지금은 슬프게도 멸종했지만……."

나는 맞장구를 쳤다.

"한국에서는 호랑이를 산신(山神)이나 산령(山靈), 산군(山君) 등으로 부르곤 하죠. 깊은 산중의 산봉우리에 작은 사당을 짓고 호랑이를 모시면서 지나가는 사람들이 새전을 바치거나 엎드려 절하는 풍습도 있습니다. 호랑이는 일종의 귀신이지만 영험한 신통력을 가진 동물로, 호랑이를 믿는 사람들이 이 나라에는 적지 않습니다. 또, 산신령의 사자라고 믿는 사람도 있습니다."

"그런가요, 표범은 어떻습니까?"

"표범도 호랑이와 마찬가지입니다. 양쪽 모두 호랑이로 불리기도 합니다."

호랑이, 표범과의 연애

"'호랑이는 효자를 잡아먹지 않는다', '호랑이는 정직한 사람을 돕는다'라고 믿으며 마을 사람들이 존경하지요."

가야마을에서는 그런 소리를 들은 적이 없었다. 그 마을에서는 호랑이와 표범에 대한 신앙이 이미 사라지고 없던 것일까?

"또한 호랑이는 뜻이 높은 사람을 돕는다는 말이 있어서, 수호신으로 삼는 사람도 있습니다."

라며 조용히 미소를 지었다. 관장 자신이 그러할지도 몰랐다. 장신인 그에게서는 그런 분위기가 풍겼다.

옆방에서 토끼가 내민 담뱃대를 입에 문 채 담배를 피우는 호랑이를 보고는 나도 모르게 웃고 말았다. 대부분의 그림에는 한구석에 한국을 대표하는 새, 까치가 놀고 있었다. 그다음에 본 것은 피카소를 연상시키는 기발한 호랑이 그림이었다.

조 관장의 첫째 딸이 발견한 호랑이 민화

"이건 딸 에밀레가 어린 시절에 고물상 한구석에서 발견한 겁니다. 지금은 이 미술관을 대표하는 명품이 되었죠. 한국 미술의 중요한 회화라서 해외에서의 평가도 높습니다."

관장은 사랑스럽다는 듯이 그림을 올려다보았다. 무명작가의 것이지만 근대적인 감각이 깃든 그림이라 넋을 잃고 쳐다보았다. 에밀레미술관은 딸의 이름을 기념하여 붙인 것이었다. '혹시 따님은……'이라는 질문이 나오려는 것을 참았다.

다음 방에 도착하자 얇은 한지에 인주로 찍은 호랑이 모습의 판화가 있었다.

"이건 호부(護符)라고 하는 부적입니다. 옛날에는 대부분의 집에서 문 안쪽에 이런 그림을 붙여 액막이로 삼았어요. 이 호랑이 그림으로 가족에게 재앙이나 전염병, 강도 같은 나쁜 일이 들어오지 못하도록 기원했던 겁니다."

조자용 관장은 이제까지 누구도 돌아보지 않았던 호랑이 그림에 빛을 비춘 인물로 알려져 있다. 수집한 컬렉션을 『한국호랑이 미술』이라는 책으로 엮기도 했다. "여기에서 처음 본 거지만 멋진 책이네요"라고 칭찬하자 관장은 껄껄 웃었다.

"내 일생은 호랑이, 표범과 연애를 해온 거나 마찬가지예요."

인생에 있어 무언가를 성취한 사람의 얼굴이었다.

한 차례 견학을 하고 나서 미술관을 극찬하자, 조 관장은 나를 안뜰의 정자로 안내했다.

"괜찮다면 이야기를 더 듣고 가시죠."

정자는 2평 반 정도의 넓이에, 네 개의 기둥이 있고, 지붕이

햇볕을 차단해 주는 형태였다. 한국의 시골에 가면 이런 정자를 자주 볼 수 있다. 나는 기뻐하며 자리에 앉았다. 따스한 날씨에 그늘은 기분이 좋았다. 관장은 호랑이와 표범의 흔적을 찾아 혼자 여행하는 일본인에게 흥미를 느낀 것 같았다.

"여태까지 찾으러 다니는 사람이라곤 없던 호랑이와 표범의 최후에 대해 조사하다니……. 이미 늦었을 텐데요. 나처럼 별종이신가 봅니다. 그런데 선생님의 연세는? 호오, 제 동생뻘이시군요."

라머 웃음 지었다.

샤머니즘의 세계

"한국에는 무당이라고 불리는 무녀가 있습니다. 길흉을 점친다든가 악령을 쫓는 샤먼이지요. 일본에도 아오모리현(靑森県)인가, 오소레산(恐山)에 '이타코(일본지방 무녀의 호칭)'라는 무녀가 있지 않나요? 죽은 자의 영혼을 불러들여 마치 살아 있을 때처럼 말을 할 수 있는……."

관장은 일본의 풍습에 대해서도 잘 알고 있었다.

"한국의 시골에서는 야외에 제사상을 차리고 무당을 불러서 산신께 제를 올립니다. 불행이 계속되는 집의 악령 퇴치라든가 난치병을 낫게 해 달라 빌기도 하고, 아들을 점지해 주십사 기원하는 겁니다. 무당을 통해서 말이죠."

관장이 소년 시절의 이야기를 꺼냈다.

"제 고향은 북한이에요. 서쪽에 있는 황해를 바라보는 벽촌
이죠. 거기서 아버지가 가뭄이 든 마을에 기우제를 지낸 적이
있습니다. 큰 돼지머리와 떡, 과일을 공물로 바치고, 막걸리라
고 하는 하얀 탁주를 올리고…… 수십 명의 마을 사람들도 주
변에 둘러앉아 있었죠."

조 관장은 양손으로 제사상 모양을 그려 보이며 말했다.

"일몰에 시작하는데, 흰옷을 입은 무당이 제사상에 엎드려
기도하거나 막걸리를 마시면서 신을 부르기 시작합니다. 제자
가 치는 징 소리를 신호로 북과 장구가 울리면 마을 사람들이
일제히 박수를 치고, 무당은 비틀거리며 일어서서 귀신처럼 머
리를 흐트러뜨리고는 온 힘을 다해서 춤을 추고 엎드려 빌며
기도합니다. 달빛 아래서 말이죠."

조 관장은 긴 두 팔을 무당이 춤추는 것처럼 획획 돌렸다.
그러고 나서 들어본 적 없는 리듬으로 손뼉을 쳤다.

"'아야～마～마～, 이에～예～요～요'라고 노래 부르면서 무
당은 하늘과 땅의 신령을 불러들이고, 춤추면서 자신의 신체에
'빙의(憑依)'시켜요. 빙의는 이렇게 씁니다. 신이 들리는 것을
말해요."

관장이 메모지에 어려운 한자를 쓱쓱 적었다.

"그러고 있자면 성터의 언덕에 커다란 호랑이가 나타나 자리
를 잡고 앉아서 빛나는 눈으로 무당의 춤을 빤히 쳐다보는 일

도 있다고 합니다."

나는 금세 샤머니즘의 세계에 빠져들었다.

"아버지가 어린 저를 무릎에 앉히고 몇 번이나 이야기해 주셨죠."

이 민족에게는 대체 얼마나 많은 호랑이와의 교감이 있었던 것인가!

"그때, 삼일 밤낮을 잠들지도 않고 춤을 추던 무당이 동쪽에 솟아 있는 해봉산에서 먹구름을 불러 바싹 말라 있던 황해도의 마을에 큰비를 내리게 했습니다. 하늘에 찢어지는 듯한 천둥소리가 울려 퍼졌지요."

"……."

"덕분에 그해, 농부들이 모심기를 했어요. 수행을 쌓은 위대한 무당은 잠들어 있는 산신도 깨울 수 있다고 합니다. 제 말이 잘 이해되나요?"

조 관장이 약간 난감한 기색으로 웃었다.

내가 잘 이해하지 못하는 것처럼 보였는지 천천히 되풀이했다.

"한국에서는 우주에 존재하는 가장 근원적인 것을 '기(氣)'라고 부릅니다. '기'는 하늘과 땅 사이에 가득 차기도 하고 사라지기도 한답니다. '기력(氣力)'이라는 말을 자주 쓰는데요. 인간이 지닌 '기'를 표현하는 말로, 오르기도 하고 떨어지기도 하죠."

"……."

"영험한 무당은 엄청난 기를 갖고 있어서 한밤중에 치는 북과 징, 장구 소리 안에서 영감을 잡아요. 춤이 고양되고 구름

사이에서 얼굴을 내미는 달이 요기스러운 세계를 비추기 시작하면 박수를 치던 사람들도 너 나 할 것 없이 취한 것처럼 되는 겁니다. 꽤 볼만하죠. 그러면 무당은 우주의 기를 끌어와 산신께 청을 올립니다. 그 트랜스(trance) 상태는……."

"트랜스라니요?"

"황홀해서 환각이나 최면을 일으키는 상태라고 할까요? 저도 일본어로는 잘 설명을 못 하겠군요."

라고 말하며 관장은 고개를 저었다.

"지금의 군사정권은 무당을 사기꾼이라며 탄압하고 있지만요. 급이 낮은 무당일수록 돈을 벌려고 입을 놀리니까요. 그런 이유로 전통적인 무당이 남아 있는 곳은 초자연 현상을 믿는 전라남도 정도입니다. 진도라든가……."

관장은 남쪽을 가리켰다.

"북한에서도 이미 사라졌겠지요. 김일성은 러시아혁명을 흉내 내서 종교와 샤머니즘을 부정하고, 본인의 거대한 동상을 금으로 칠해 숭배하게 했습니다. 희대의 사기꾼이라고 할 수 있죠."

장신의 그는 얼굴을 찌푸렸다. 그러다 옛날 일이 떠올랐는지 킥킥거리며 웃기 시작했다.

"어릴 때는 무당이야 어찌 됐든 제사상에 놓인 큰 돼지머리만 쳐다봤어요. 먹고 싶어서요."

돼지머리는 간장으로 간을 해서 푹 삶는다. 무당의 기원이 끝나면 칼로 썰어서 다 함께 나눠 먹는다. 뾰족한 귀도 코도 남김없이. 커다란 귀는 쫄깃쫄깃해서 아이들이 매우 좋아했다고 한다.

접수처에 있던 기품 있는 여성이 백자 그릇에 커피를 담아 왔다.

"제 부인입니다. 북한 출신이고 여진족의 후예에요."

"예? 여진족이 뭔가요?"

"만주에 사는 민족을 말합니다."

"아아, 옛날에 중국 동북부에서 북한의 북쪽 지역을 지배했던 여진족 말인기요?"

"네, 여성들도 당당하게 말을 몰고 호랑이나 사슴을 사냥했던 수렵민족이지요. 이 사람은 북한의 함경북도 청단 출신이에요."

얼굴이 하얀 부인은 소리 없이 웃으며 커피를 권했다.

"여진족은 불굴의 정신을 갖고 있어요. 이거다 하고 뜻을 정하면 결코 포기하는 법이 없죠. 제 부인이 딱 그렇습니다. 오늘의 제가 있을 수 있는 것은 모두 산신령님과 이 사람 덕분이지요. 부인은 제 인생에서 없어서는 안 될 존재예요."

"글쎄요, 정말 그럴까요?"

라고 말하는 부인의 눈길에는 관장을 감싸는 부드러운 무언가가 있었다.

"그럼 천천히 드세요."

부인은 능숙하게 일본어로 말하고 자리를 비켰다.

일본의 패전

조자용은 북한의 황해도 고정면 정수리에서 한의사의 외동아들로 태어났다.

정수리는 평양에서 남쪽으로 기차를 타고 가면 한 시간 거리에 있는 시골이었다. 서쪽으로는 황해까지 널리 평야가 펼쳐져 있고, 동쪽으로 우뚝 선 해봉산(879미터)과 오봉산까지 완만한 구릉이 이어져 있다. 고구려 시대의 오래된 성터가 있고, 성문 옆에는 마을의 수호신인 천하대장군이 너덧 개 썩은 상태 그대로 세워져 있었다.

아버지의 집은 성터의 소나무 숲을 뒤에 둔, 선조 대대로 유서 깊은 집안이기에 많은 전답을 가진 지주였다. 아들 자용은 밝은 성격으로 마을 사람에게 사랑받았다. 쑥쑥 자라 또래보다 머리 하나는 클 정도로 큰 자용은 11:1의 경쟁을 뚫고 평양사범학교에 입학해 일본어 교육을 받으며 황국민족의 소년으로 자랐다. 당시에는 그 길밖에 없었다. 군인이 되는 것은 아버지가 반대했다.

자용은 국민학교 교사가 되어 평양평야에 있는 남포국민학교에서 근무했다. 교장을 포함한 절반 정도의 교사가 일본인이었고, 학생의 대부분은 조선인이었다. 일본이 태평양전쟁을 하던 당시에는 매일 아침, 일장기를 게양하고 필승을 기원하며 동쪽의 일본 궁을 향해 절하고 일본어 교육을 했다.

그러나 1945년 8월 6일, 미국이 한 발의 원자폭탄을 히로시마에 떨구는 것을 시작으로 8월 9일에는 소련군도 돌연 하늘과 바다로부터 조선 북부에 있는 청진을 공격해 왔다.

임해중공업 도시인 청진에서는 일본군이 전투에 패하는 바람에 20만의 일본인이 철수하기 시작했다. 15일, 태평양전쟁에서 반드시 이기겠다고 큰소리치던 일본은 일왕의 육성녹음 방송으로 허망하게 무조건 항복을 선언했다.

"청천벽력 같은 일이었지요. 하지만 그때, 반드시 이것만은 해두어야겠다고 떠오른 것이 있었습니다. 그때까지의 일본 교육은 조선의 모든 것을 우롱하는 거짓 교육이었으니까요. 그런 식으로, 명령받은 대로 거짓말을 가르쳤던 나 자신이 한심했죠."

일본인 선생들이 망연자실해 있는 사이에 열아홉 살의 조선생은 교정에 학생들을 모아 놓고, 단상에서 눈물을 흘리며 금지된 한국어로 아이들에게 사죄했다.

"나는 일본을 신국(神國)이라 하고, 천황은 구름 위에 산다든가, 위기의 순간에는 가미카제(신풍)가 분다고 하는 등 그동안 너희들에게 거짓된 것만 가르쳤다. 죽창 훈련 같은 걸 시키다니…… 정말로 미안하다. 선생님이 책임을 지마. 너희들은 이제부터라도 조선인으로서 진실을 배우기 바란다."

"선생님, 그만두면 안 돼요, 그러지 마세요!"

아이들은 자용의 셔츠 버튼이 떨어지고 소매가 찢어질 정도로 울며 매달렸다. 자용은 스포츠 만능으로 아이들에게 인기가 많은 선생님이었지만 교사를 그만두고 달구지에 짐을 실어 사흘 뒤 해 질 녘, 고향으로 돌아갔다. 도중에 들른 마을에서는 떠들썩한 분위기로 외쳐 대는 많은 사람들을 볼 수 있었다.

"일본은 물러가라! 조선 독립, 독립 만세! 조선 만세~!"

마을마다 세워졌던 일본 신사는 모두 불타 없어졌다. 노인이나 병자까지 동원해 매월 강제적으로 참배를 올리게 했던 신사는 사람들이 많은 불만을 가졌던 곳이었다. 경찰서도 남김없이 태워져 연기가 올라가고 있었다.

고향에 도착하니 아버지는 마당에서 마을 사람들과 질펀하게 마셔서 이미 고주망태가 되어 있었다. 일본이 패한 것에 대해 축하 잔치를 열어 모두 노래 부르고 마시며 왁자지껄한 분위기였다. 지주의 하나뿐인 아들이 돌아온 것을 보고 "젊은 선생이 돌아왔다!"며 기뻐하면서 다시 한 번 환희의 분위기가 달아올랐다.

일흔여덟의 아버지는 양손을 들어 밝은 표정으로 아들을 맞이했다. 검은 실크 같은 말 꼬리로 된 전통 모자를 쓰고, 하얀 조끼를 입고 있었다.

"드디어 36년간의 일제 지배가 끝났어! 이 얼마나 기쁜 일이더냐! 조선은 이제 옛날처럼 독립 국가다. 너는 한의사로서 내 뒤를 이어 주거라."

자용의 미소가 밝게 빛났다. 의사가 되어서 병든 이들을 돕는 인생도 나쁘지 않았다. 어머니도 크게 기뻐하며 자용이 좋아하는 녹두 지지미를 계속 부쳐 주었다.

소련의 공격

그러나 며칠 후, 황해도에 몇 대나 되는 소련의 전차가 흙먼지를 일으키며 들어왔다.

뒤를 이어 털이 북슬북슬한 소련 군인들이 자동소총을 들고 따라왔다. 그들은 붉은 깃발을 세우고 스탈린의 초상화를 치켜들며 식민지인 조선을 해방시켰다고 말했다. 마을 사람들이 여기저기서 "만세~! 만세~!"를 외치며 환영했지만 자용은 어쩐지 불안함을 느꼈다.

"왜 우리나라에 소련군이 들어오는 거지?"

아버지도 소련을 적군(赤軍)이라 부르며 싫어했다.

"적군은 마적(馬賊)이나 마찬가지야. 혁명은 무슨……. 저 녀석들은 도적질이나 하는 놈들이라고."

아니나 다를까, 팔뚝에 문신을 한 소련 군인 중에는 어두워지면 남의 집에 침입해 값나가는 물건을 훔쳐가는 자들도 있었다. 선발대 중에는 죄인으로 이루어진 수인병(囚人兵)이 많았는데 저항하는 사람들에게 자동소총을 난사하거나 젊은 여자에게 손을 대기도 했다. 그러한 행태에 마을 사람들은 곧 태도를 바꿔 군인을 경계하기 시작했다.

그러나 주민들 중에 소련군의 보안대라고 칭하며 경관 행세를 하는 무리가 나타났다. 이윽고 조선은 독립하지 못하고 북위 38도선을 중심으로 양분되어, 미국과 소련의 통치를 받게 될 거라는 소문이 들려왔다. 자용은 낙담했다.

"도대체 왜?"

각지에 소련을 뒷배로 둔 혁명위원회가 출현하고 여태까지 일본에 협력했던 사람들을 찾아 제재를 가하는 일이 빈번히 발생했다. 조선인이면서 일본 순사가 되어 으스댔던 사람들이 가장 먼저 표적이 되었다.

"이 자식, 일제 앞잡이 놈!"

이라고 외치며 사람을 발가숭이로 만들어 엎어 놓고는 온 힘을 다해 등에 채찍질을 했다. 순사였던 사람은 매질 두 번 만에 실신해 버렸다.

자용의 불안이 점점 심화되는 가운데 그날 저녁, 숨을 멎게 할 정도의 소식이 들려왔다.

"시, 시내에서 소련군의 퍼런 차가, 과, 관공서에 근무했던 사람들을 체포해 가고 있어요! 무슨 시, 시베리아에 보낸다고…….."

"아이고, 시베리아에서 뭘 어떻게 하려고?"

"강제노동을 시킨다는 것 같은데……. 죄, 죄수로요."

"조선인이 어째서 죄인이란 말이더냐? 여기는 스탈린의 속국이 아닌데."

불만을 토해 보았지만 불안은 짙어만 갔다. 자용은 이전까지 국민학교에서 일본을 선도하던 선생이었기 때문이다. 예리한 감을 지닌 아버지는 굽은 허리를 펴더니,

"이거, 운명이 좋지 않은 방향으로 흐르는 것 같구나."

라며 동요하는 아들에게 결단을 내려 주었다.

"자용이 너는 삼팔선을 넘어 당분간 남쪽으로 피해 있거라!"

고향을 등지고

온순한 성격이라 평소 아버지에게 반발한 적이 없던 자용의
얼굴이 굳어졌다.

"왜 제가 남쪽으로 가야 하는 거죠?"

고요한 고향 마을에는 논밭 위로 무수히 많은 고추잠자리가
날아다니고 있었다.

"적군은 일본군보다도 위험한 놈들이다. 러시아혁명을 보거
라. 극동의 연해주에 있던 조선인은 심한 일을 당했어. 그저
고추잠자리처럼 조용히 농사나 지으며 살고 있었는데, 일가족
모두 살해당하거나 중앙아시아의 바위투성이인 오지로 추방되
었지."

"저는, 저는……. 러시아에 잘못한 것이 하나도 없어요."

"그런 말을 해 봤자 적군은 귀 기울이지 않아."

어머니는 갈팡질팡하며 자용의 곁을 떠나지 못했다.

"아이고~, 우선 마을 사당에서 길흉이라도 점쳐 봐요."

무당에게 점을 치다니, 공물을 올리고 반나절은 걸릴 것이다.
아버지는 고개를 격하게 흔들었다.

"그럴 여유가 없어! 적군이 자용이를 체포한다고 쳐들어오면 어쩔 게야!"

"아버지와 어머니는 어, 어쩌시려고요?"

"우리는 괜찮다. 너야말로 시베리아에 끌려가면 평생 돌아올 수 없게 돼. 어서 남쪽으로 가거라!"

아버지는 두어 달 버틸 수 있는 돈을 손에 쥐어 주며 말했다.

"알겠지? 힘들 때에는 산신령님께서 돌봐 주실 거다."

그러고는 거실에 걸린 족자의 그림을 간절하게 바라보았다. 그곳에는 호랑이의 화신인 산신이 손에 창을 들고 뛰어오르고 있었다. 악귀와 싸우는 것이다. 자용은 아버지의 재촉에 집을 나섰다.

"위험한 일은 하지 말렴. 아이고……. 넌 우리 집안의 기둥이란다……."

어머니는 울음 섞인 목소리로 반복해서 얘기했다.

"그럴게요……"

그 길로 양친과는 이별이었다.

철도가 있는 흑교리의 역으로 나가자, 평양에서 오는 기차는 비정기적이 된 터라 많은 일본인들이 걸어서 피란을 가고 있었다. 백의를 입은 조선인 중에도 등짐을 짊어지고 발걸음을 재촉하는 이들이 있었다.

'가고 싶지 않은데…….'

자용은 몇 번이고 고향을 되돌아보았다. 서한만(西韓灣)을 향해 보이는 논의 끄트머리에 이삭이 늘어져 있고, 거대한 석양이 중국 대륙의 산동반도를 붉게 물들이며 가라앉고 있었다. 어릴 적에 친구들과 하루 종일 작은 물고기나 게를 잡으며 놀던 때를 생각나게 하는 그리운 풍경이었다. 설마 두 번 다시 돌아갈 수 없게 되리라고는 생각지도 못했다.

피란민들 사이에는 이런 이야기가 돌았다.

"추워지면 소련이 물러날 거야. 그러니까 그때까지만 참으면 돼."

자용도 그 말을 믿고 지칠 때면 길가의 돌 위에 앉아 쉬며 밤이 새도록 걸었디. 삼팔선까지 백 킬로미터 정도의 거리를 걷고 또 걸었다. 달이 뜬 밤이었다.

다음 날, 38도 선 경계 부근에 도착하니 커다란 몸집이 마치 짐승처럼 보이는 소련 군인 한 무리가 득시글대고 있었다. 더러워진 상의에서 가슴 털까지 보이는 그들은 지나가는 사람들을 멈추게 하고 소지품을 조사했다. 사진이나 지도는 군사 기밀이라며 몰수해 갔다. 자용은 악취가 나는 소련군 여러 명에게 양팔을 붙들려 느닷없이 손목시계와 상의 주머니에 꽂혀 있던 만년필을 압수당했다.

"시계와 만년필이 무슨 군사 기밀이라는 겁니까?"

빼앗기고 나서 외쳤지만 소련군은 그저 자용의 목에 자동소총을 들이댈 뿐이었다. 움푹 팬 눈매를 가진 소련군이 방아쇠에 손가락을 걸고 실실 웃었다. 자용은 소름이 돋아 저항을 그만두었다.

차별

삼팔선을 넘자, 그곳은 미군의 지배하에 있었다. 일단 마음을 놓은 자용은 조금 더 걸어 해안가 마을의 국민학교를 방문했다. 얼마 전까지 일본어로 된 구령이 울려 퍼졌던 교정에는 한국어로 된 말이 오가며 웃고 달리는 아이들이 있었다. 자용은 가만히 귀를 기울였다.

"모국어를 자유롭게 쓸 수 있다니, 이 얼마나 기쁜 일인가."

몸속 깊은 곳에서 기쁨이 솟구쳐 올랐다.

대부분의 학교가 일본인 교사를 추방한 상태라 교사가 부족하다고 들었다. 그래서 자용은 쉽게 일자리를 구할 수 있을 거라고 낙관적으로 생각했다. 교감이 담배를 태우며 밖으로 나왔다.

"교원 면허증을 보여 주게. 뭐? 잃어버렸다고? 거 참……. 사범학교 면허증이 없으면 채용할 수가 없지. 집에 돌아가서 면허증을 가져와야 할 걸세."

'교원 면허, 그 종이 한 장이 이렇게 중요한 거였나.'

자용은 입술을 깨물었다. 급하게 집을 나오느라 교원증을 두고 나온 것이다.

또 다른 학교를 찾아가 허리 숙여 부탁했다.

"임시라도 좋으니 채용해 주시지 않겠습니까?"

교감은 셔츠 한 장만 걸친 자용을 유심히 쳐다보았다.

"동사무소에서 간첩이 있으니까 조심하라고 해서 말이야. 신

원보증인을 데려오거나 전에 일했던 학교에서 근무했던 증명서를 발급해 오게나."

역시나 문전박대였다. 소련군이 두려워 다시 한 번 고향에 돌아가는 일은 할 수 없었다. 다음 마을까지 터벅터벅 걸어가 산 근처의 작은 학교에 도착했지만 반응은 더욱 냉담했다.

"뭐야, 고향에서 도망쳐 온 건가. 북측 사람은 교원으로 채용하지 않아요. 뭘 가르칠지 알 수가 있어야지. 붉은 깃발을 흔들면서 레닌이나 스탈린이라도 선전했다간 학교 입장도 곤란해진다고요."

자용은 맥없이 교문을 뒤로했다. 남쪽 학교에서 근무하려던 계획은 무참히 깨져 버렸다.

"서울 같은 도시에서라면 어떻게든 되겠지"

여인숙에서 묵은 지 삼 일째 되던 날 아침, 조금만 더 가면 서울에 도착할 수 있는 다릿목에서 자용은 보안대라고 자칭하는 붉은 완장을 찬 불량한 조선인 무리에게 둘러싸였다.

"이 자식, 너 일본 사람이지? 돈 내놔!"

"아뇨, 잘못 봤소. 난 조선인이오!"

라고 소리쳤지만 무력을 행사하는 사람들에게 가진 돈과 스웨터를 빼앗겼다. 오로지 주판 하나만은

"이건 안 돼!"

하고 맞붙어서 돌려받았다. 자주 손질하며 애용하던 주판이었다.

서울은 철수한 일본인과 진주해 있는 미군으로 인해 떠들썩

했다. 자용은 빈털터리가 된 상태였고, 이곳에는 친척도 없었다. 절망하던 가운데 평양사범학교 시절의 은사, '시바타 지로(柴田次郎)' 선생님의 얼굴이 떠올랐다.

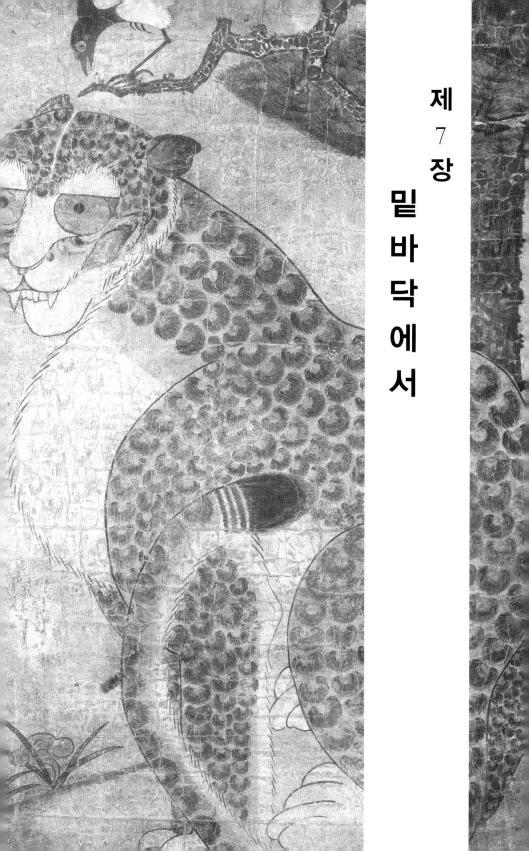

제 7 장

밑바닥에서

일본인 은사

  사범학교 시절, 자용은 시바타 선생님에게 귀여움 받는 학생이었다. 주판을 배워 전국대회에서 우승을 한 적도 있었다. 시바타 선생님은 학생들 편에 서는 선생이었다. 교장은 육군사관학교에 응시하라며 압박을 가해 왔지만, 군인이 되는 것만이 길은 아니라며 육친처럼 살펴주었다. 군인이 되었더라면 지금쯤 감옥 안에 있을지도 모를 노릇이었다.

  시바타 선생님은 경성사범학교로 전근했었다. 연하장의 주소를 더듬어 서울 남대문 뒷길을 찾아가자 시바타 선생님이 배낭을 짊어지고 현관에 서 있었다. 옆집 사람들과 일본으로 피신하려던 참이었다.

  "오오, 자용이가 아니냐……. 이거, 이런 우연이 있다니."

  선생님이 자용을 보고 기뻐하더니, 자용이 수중에 있던 돈을 모두 빼앗긴 것을 알고는

"미안하구만, 자네에게 줄 만한 것이 아무것도 없다네."
하며 하늘을 올려다보았다.

"잠깐, 이 허리띠를 주도록 하지. 길거리에서 팔아 보게나, 분명히 팔릴 거야!"

여원 선생님은 입고 있던 바지에서 새것으로 보이는 허리띠를 끌러 제자에게 주었다. 본인은 허리띠 대신 끈이 있으니 걱정 없다고 했다. 그리고 창고에서 비누의 원료인 가성소다가 들어 있는 됫병을 세 개 건네주며 말했다.

"자용 군, 다시 태어난 조선을 위해 온 힘을 쏟게. 자네라면 분명히 뭐든 해낼 수 있을 거야. 가슴에 꿈을 품고 힘내게."

둘은 눈물을 흘리며 이별의 말을 나눴다.

선생님께 감사하는 마음을 가슴에 새기며, 받은 물건들을 들고 남대문 근처의 붐비는 거리에 자리를 잡았다.

서울에 미군이 막 진주한 때여서 가지각색의 피부색을 가진 군인들을 볼 수 있었다. 일본은 짐승 같은 미국과 영국이라고 가르쳤지만, 군인들은 청결하고 쾌활했다. 단정하게 넥타이를 매고, 러시아 군인처럼 무서운 분위기도 풍기지 않았다. 아이들이 천진난만하게

"기브미~, 초코렛, 기브미~!"
라고 외치자, 키 큰 군인들이 흔쾌히 풍선껌과 초콜릿을 나누어 주었다. 흑인 병사도 익살스럽게 웃었다.

어머니의 모습

남대문 길가에는 철수하는 일본인들이 수백 미터에 걸쳐 서서 여러 가지 물건을 팔고 있었다.

처분하는 장롱이나 책상, 이불에서부터 신부 의상, 부엌세간, 쌀, 된장에 이르기까지 많은 조선인들이 물건을 사려고 붐볐다. 자용의 옆에는 유리 케이스에 들어 있는 일본 인형을 팔려는 일본인 어머니와 아이가 있었지만 인형 같은 것에 관심을 갖는 사람은 없었다. 두 사람은 풀이 죽은 모양새로 서 있었다.

얼마 안 가서 가죽 허리띠와 가성소다가 팔려 자용은 10엔 남짓한 돈을 손에 넣었다. 싸구려 여관에 열흘 정도는 묵을 수 있는 돈이었다. 그사이에 일자리를 구해야겠다고 생각했다. 안심이 됐는지 배에서 꼬르륵 소리가 났다. 어제부터 변변한 음식을 먹지 못한 탓이었다. 잔돈으로 떡을 세 개 사서 먹으려는 순간, 일본인 남자아이가 이쪽을 빤히 쳐다보는 게 느껴졌다. 자용이 두 모자에게 하나씩 나누어 주자 모친이 감사해하며 떡을 받았다. 아침부터 물로 목만 축이던 참이라고 했다.

자용이 떡을 먹으면서 들여다보니, 유리 케이스에는 30센티미터 정도의 인형이 들어 있었다.

"아저씨, 미안하지만 이 인형 사주시면 안 될까요? 원래는 100엔 이상 가는 물건이지만, 10엔으로 깎아 드릴게요. 네? 저희 모자 좀 살려 주세요……."

떡을 우물우물 삼키면서

"네, 좋아요."

하고는 대수롭지 않게 10엔짜리 지폐를 인형과 교환했다. 곤란한 사람을 두고 보지 못하는 성격은 아버지로부터 물려받은 것이었다. 일본인 모자는 크게 기뻐하며 돌아갔다.

자용은 돌담에 걸터앉아 보랏빛 기모노를 입은 인형을 오래도록 쳐다보다가 얼굴이 점차 새파랗게 질렸다.

"왜 인형 같은 걸……. 어휴……."
하며 한숨을 쉬었다.

금관을 쓴 인형의 하얀 얼굴은 어딘지 모르게 어머니를 떠올리게 했다. 그 이유 때문에 자용이 인형을 사게 되었는지도 모른다.

아버지와 어머니는 27살의 나이 차이가 있었다. 옆 마을 지주의 딸이었던 어머니는 천연재료를 사용하는 염색법을 배우는 중이었고, 아버지도 그 기술을 높이 평가했다. 또한, 아버지는 어머니의 부친 되는 사람과도 오래전부터 안면을 트고 지내는 사이였다. 그러던 어느 날, 어머니는 부친이 연대보증을 섰다가 도산하는 바람에 기생의 세계에 발을 담그게 되었다.

울면서 몸단장을 하고 있었는데, 자용의 아버지가 재빨리 알아차리고 모든 빚을 떠맡아 주었다.

어머니는 자신을 구해 준 은인을 흠모하여 홀아비 생활을 하던 아버지를 돕게 되었고, 머지않아 둘은 부부의 연을 맺었다. 아버지는 마음씨 고운 어머니를 평생 사랑했다.

어머니는 긴 흑발을 항상 둥글게 말아 쪽을 졌다. 외아들이 집을 나설 때는 당신이 직접 물들인 고사리 색에 하얀 물방울 모양이 있는 저고리를 입은 채, 언제까지고 뒷문에 서서 배웅해 주곤 했다.

일본 인형을 보고 있자니 꿈에라도 보고픈 어머니의 모습이 떠올랐다.

생각지도 못한 행운

오백 년이 지나도 웅장한 남대문의 기와지붕에 반짝반짝 가을볕이 기울고 있었다.

"아이고……. 이제부터 어쩌지?"

자용으로서는 처음 겪는 나락의 구렁텅이였다. 일본인 모자를 도와준 것까지는 좋았는데, 먹을 것이 하나도 없었다. 어쩔 수 없이 길가에 있는 수도꼭지에서 물로 배를 채웠다.

"우선 이 미술품을 팔고 봐야겠다."

자용은 유리 케이스 인형을 품에 안고 길에 섰다. 그러나 손님은 오지 않고, 날이 저물고 말았다. 녹초가 된 자용은 돌담 위에 몸을 둥글게 말고 잠을 청했다. 고향에 돌아가면 될 일이었지만, 자동소총을 들이대던 소련군을 생각하자 발이 떨어지지 않았다. 그들은 악마였다.

9월 초순, 서울의 아침은 벌써 입김이 하얗게 뿜어져 나오는 계절이었다.

셔츠 한 장에 점퍼만 입은 채 벌벌 떨면서, 암시장의 인파에 섞여 길가에 피워 놓은 모닥불로 몸을 녹였다. 해가 뜨자 자용은 다시 길가에 섰다. 그러나 일본 인형 따위에 멈춰 서는 사람은 없었다.

이제는 도망가라고 말했던 아버지가 원망스러웠다. 아버지는 항상 산신령의 이야기를 꺼냈지만, 사실 자용은 믿지 않았다. 그러나 힘들 때는 누구나 신을 찾게 되는 것이다.

"도와주세요……. 신령님, 인형이 팔리게 해 주세요……."

열아홉 살의 자용은 중얼거리며, 길을 지나는 행인들에게 인형 케이스를 들어 보였다.

오후에 들어설 무렵, 공복 때문에 현기증이 일었다. 눈을 깜박거리는데 앞에 지프가 서 있었다. 운전석에 있던 덩치 큰 미군의 녹색 눈을 마주 하고 나서야 자용은 정신을 차렸다.

"혹시……."

자용이 넘어질 것처럼 다가갔다. 고동색의 콧수염을 깔끔하게 정리한 미군이었다.

그 이후의 일은 기억이 잘 나지 않는다. 마치 보이지 않는 무언가에 떠밀린 것처럼 유리 케이스 인형을 미군에게 내밀었다.

"제발, 이걸……. 선물입니다……."

라고 말했던 것도 같다.

자용은 평양사범학교에서 일 년 정도 영어를 배웠다. Boys

be ambitious(소년이여, 큰 뜻을 품어라)는 시바타 선생님의 입버릇이었다. 그래서 자용은 미군에게 일하는 몸짓을 보여 주며 말을 걸었다.

"미, 미군 캠프에 일자리 없나요? 보이즈 비 앰비셔스……."

미군 병사는 어리둥절해하면서도 인형을 들여다보더니 눈을 빛냈다. 차 문을 열고 엄지손가락을 까딱였다. 자용은 인형 케이스를 품에 안고 지프의 뒷좌석에 오른 채 그대로 서울 교외의 용산 미군 기지로 실려 갔다.

용산은 이전까지 일본의 육군 제20사단 대부분이 주둔하던 곳이었다. 벽돌로 지어진 으리으리한 병영, 넓은 연병장에는 일본군이 남긴 수십 대의 전차가 늘어서 있었고, 이제 막 진주하기 시작한 미군들로 붐볐다. 취사장으로 데려가는 것 같더니 그곳에 지저분한 접시가 산더미처럼 쌓여 있는 것이 보였다. 미군 병사가,

"you는 ……요?"

라며 손가락으로 무언가를 가리켰다. 자용은 접시를 씻으라는 말로 알아듣고 팔을 걷어붙인 후, 기력을 다해 싱크대 앞에 섰다.

열심히 일해 저녁까지 수백 장의 접시를 모두 닦고 주변 청소까지 마치자, 일하는 것을 보고 있던 주방장이 따뜻한 우유와 소시지를 잔뜩 가져왔다. 가까스로 배가 차 만족하고 있는데 자용을 이리로 데려왔던 미군 병사가 웃는 얼굴로 다가왔다. 10엔짜리 몇 장을 주며 인형을 구입하더니 내일부터 이곳에서 일하라는 제스처를 취해 보였다. 그 미군 병사는 장교인

데다가 식당의 캡틴이었던 것이다!

자용은 꿈을 꾸는 것 같았다. 기쁜 나머지 말조차 나오지 않았다.

당장 10엔으로 병영 앞에 있는 여관방을 빌려 숙소로 삼았다. 사단 부근에는 일본 병사를 면회 오던 가족들을 대상으로 운영하던 여관이 몇 채나 비어 있었기 때문에 방이 부족하지는 않았다.

위대한 수호신, 호랑이와 표범

생각하지도 않았던 행운을 거머쥔 자용은 방 안에 큰 대자로 누워 멍하니 눈을 감았다.

일본 인형의 사랑스러운 얼굴에 어머니 얼굴이 겹쳐 떠올랐고, 허리를 굽혀 인사하면서 기뻐하던 일본인 모자와 시바타 선생님의 얼굴도 아른거렸다.

"하마터면 길거리에서 객사할 뻔했네……. 어휴……."

라고 중얼거리자 정신이 확 들었다.

"이것도 위대한 호랑이의 화신인 산신령님의 가호 덕분일까?"

자용의 귓가에 아버지의 말씀이 맴돌았다.

'호랑이는 위대한 민족의 혼이야……. 너의 수호신이기도 하지.'

자용은 고향이 있는 방향을 향해 무릎을 꿇고 양손과 팔꿈치를 바닥에 대며 엎드려 절했다.

"덕분에 살았습니다. 이 은혜는 절대로 잊지 않을게요."

감사하는 마음으로 산신과 아버지께 몇 번이고 절을 올렸다.

다음 날 아침 자용은 상쾌한 기분으로 길가에 있는 헌책방에서 일본어판으로 된 영일, 일영 포켓 사전을 샀다. 사전을 주머니에 넣고 미군 식당에서 일하면서 외국인 요리사와 젊은 군인들에게서 영어를 배웠다. 사람들이 대부분 친절해서 한국 청년에게 좋은 교사가 되어 주었다.

한 달 정도가 지나자 자용의 영어 실력은 점점 좋아져 캠프 내에서의 일상 회화는 어렵지 않게 구사하게 되었다.

그러던 어느 날, 자용은 식자재를 구입하는 일에 동원되어 애용하던 일본 주판을 옆구리에 끼고 지프에 올랐다. 시장에서 고기와 야채를 구입하며 계산을 돕자 주방장은 접시닭이 청년의 주판 실력에 놀라워했다. 미군의 계산보다 몇 배나 속도가 빠르고 정확했기 때문이었다. 덕분에 평판이 오른 자용은 사령부로 불려가 경리부 통역으로 발탁되었다. 완장도 차게 되었고 주급이 열 배나 올랐다.

여기까지 에밀레 미술 관장의 이야기에 푹 빠져 있는데 부인이 사무실의 작은 창문을 열고 폐관을 알렸다. 어느새 정자에 해가 기울고 있었다. 그러고 나서 부인이 관장에게 무언가 이야기했는데 나는 잘 알아들을 수 없었다. 그 말을 듣고 조 관장은,

"안됐군, 오늘은 단 둘뿐인가."

라고 중얼거렸다. 입장한 사람 수를 말하는 듯했다. 큰 미술관을 경영하는 것이 쉽지만은 않을 터였다. 그러나 관장은 나를 향해 환한 미소를 지어 보였다.

"오늘은 정말 즐거웠습니다. 몇십 년 만에 일본어도 써 보고……. 기분 좋게 들어 주셔서 감사합니다."

그 말에 나는 박물관 근처에 머무를 결심을 하게 되었다.

조 관장은 생면부지의 일본인에게 기적과도 같은 자신의 삶에 대해 이야기해 주었다. 북한에서 태어난 그는 가혹한 시대를 만나 외톨이가 된 사람이었다. 어떻게 그 운명을 개척한 것일까?

관장의 집에서 가까운 한국식 여관에 자리를 잡고, 온돌방에 관장을 초대해 술을 마시며 그 이후의 이야기에 대해 듣기 시작했다. 관장은 잔을 기울이는 데에도 절도가 있었다.

미국으로의 유학

미군 캠프에서 고향으로 편지를 보내자 어머니로부터 답장이 왔다. 이 무렵은 아직 남북의 우편물 교환이 근근이 이어지던 때였다.

침공한 소련군은 김일성을 장군이라 내세워 황해도에 혁명위원회를 조직하고 지주의 토지를 모두 몰수했다.

아버지가 선조 대대로 내려온 집을 빼앗기고 불량배들의 인

민재판에서 친일파로 몰려 교수형을 당했다는 소식도 들려왔다. 아이고, 아이고~, 자용은 가혹한 운명에 눈물이 마를 때까지 울었다.

친일파라니⋯⋯. 아버지는 그저 세상 물정에 발맞춰 살아갔을 뿐이다. 일본에 저항했다가는 목숨을 잃을 게 분명했다. 게다가 북한에서는 총독부에 근무했던 사람들과 조선인 여교사를 체포해 시베리아로 연행했다는 이야기도 흘러왔다.

"소련 경찰이 너를 몇 번이나 찾으러 왔었단다."

라고 어머니의 편지에 쓰여 있었다. 자유세계로 도망가라던 아버지에게 감사하는 마음이 들었지만, 지금은 혼자 남은 어머니가 걱정되었다. 얼마 지나지 않아 다시 어머니로부터 소식이 왔다.

"친했던 소작인의 집에서 신세를 지며 네가 데리러 올 날을 기다리고 있으마."

라는 글이 쓰여 있었다.

그러나 조선은 일본의 지배가 끝나자마자 이번에는 냉전 시대라는 미국과 소련의 대립의 장이 되고 말았다. 남북의 관계는 경직되었으며, 우편이 오고 가던 것도 금지되었다.

혹시 어머니가 작은 초가지붕의 집 한쪽 구석에서 웅크리고 계시진 않을까, 방은 따뜻할까 하는 걱정이 들었다. 삼팔선이 육로, 철로 모두 군대에 의해 봉쇄되어 어떻게 해도 만나러 갈 수가 없었다. 괴로워서 북쪽으로 보이는 북한산의 하늘만 바라볼 따름이었다.

일 년이 지난 어느 날, 한 장교가 신문을 보다가 말을 걸었다.

"이봐~, 한국 청년을 미국 대학으로 유학 보내 준다는 정보가 있어."

"네? 유학이요?"

자용은 마음이 크게 흔들렸다. 마침 이대로 통역만 하며 지내고 싶지는 않다고 생각하던 때였다.

당시 한국은 이승만 대통령이 집권하고 있었는데, 미국에 오래 산 그는 무슨 일이 있을 때마다 미국 선전을 했다. 미국은 자유와 민주주의의 나라이기 때문에 노력만 하면 뭐든지 이룰 수 있다고 주장했다.

외무성을 찾아가 물어보자, 김선희라는 장관의 젊은 여비서가 유학생을 받아 주는 미국의 대학에 대해 소개해 주었다. 김 비서는 친절하게

"시험을 통과하면 나라에서 장학금도 받을 수 있어요."
라며 번거로운 시험의 수속 진행도 도와주었다.

자용은 좋은 결과를 얻어 장학금 시험에 합격했고, 제1회 한미유학생인 다섯 명 중 한 명이 되어 부산항에서 배에 올랐다. 유학이라고는 하지만 사실, 무엇을 배워야 할지 아직 확실하게 정한 것도 아니었다. 가방에는 주판과 일제 영어 사전을 넣어 갔다.

스무 살의 자용은 선실에 짐을 놔두고 갑판의 난간에 몸을 기대어 바다를 바라보았다.

쪽빛으로 빛나는 현해탄은 하얀 파도를 일으키며 흐르고 있

었다. 미국에서는 어떤 인생이 기다리고 있을까? 불안한 마음에 풀이 죽어 있는데 챙 넓은 하얀 모자를 쓴 젊은 여성이 당당한 걸음걸이로 다가왔다. 자세히 보자 장관 비서인 김선희였다. 향수를 뿌렸는지 좋은 향기를 풍기고 있었다.

"어라, 어째서 당신이 이 배에 타고 있는 겁니까?"

"전 대학에서 영문과를 졸업했지만 회화에는 자신이 없어서요. 제대로 공부해 보려고 유학을 가는 중이에요."

"그거 대단한데요."

"사실을 말하자면, 당신이 유학 가는 것에 자극을 받았거든요." 라며 밝게 웃었다.

본디 낙천적인 성격의 자용은 금방 기운을 차려 선희에게 다가갔다. 호랑이 수호신 덕분인지 지옥에서 부처를 만난 기분이었다. 자용이 무엇을 공부하면 좋을지 상담하자,

"이제는 과학의 시대예요. 한국은 과학이 뒤처져 있으니 공학부에 들어가 보는 건 어때요? 무엇을 전공할지는 대학에서 공부하며 찾아보는 것도 좋을 거예요."
라며 마치 누나와도 같이 조언해 주었다. 어느새 둘은 열흘간의 항해 동안 친해져서, 일 년에 한 번은 만나자며 새끼손가락을 걸고 헤어졌다.

결혼해 주겠어?

샌프란시스코에 상륙한 자용은 질서 정연한 대도시의 공기를 한껏 들이마셨다.

"이거, 엄청난 도시인걸!"

자용이 살게 될 집은 큰 석조로 이루어진 집이라 진흙과 풀로 엮은 고향의 초가집에 비해 훨씬 좋아 보였다. 철골제로 만들어진 강어귀의 다리는 대형 트럭이 건널 때마다 덜컹덜컹 소리가 나는 거대한 것이었다.

"그래, 미국의 건축에 대해 배워 보자."

자용은 선희의 조언에 따라 테네시 주의 공과대학에 입학했다.

본토 미국 영어인데도 처음부터 확실하게 알아들을 수 있었다. 그동안 통역을 해 왔던 것이 실력으로 나타난 것이다. 얼마 안 있어 토목 공학 전문이라는 샌프란시스코의 밴더빌트 대학에 편입했고, 일제 사전이 너덜너덜해질 때까지 공부했다.

김선희는 플로리다에 있는 스테슨 대학 영문과에 진학했다. 일 년에 한 번 만나면 둘은 오래간만에 모국어로 대화를 나누고, 서로 성적표를 보여 주었다. 영문학을 배우는 선희는 C학점이 많고, B가 드물게 섞여 있었다. 그래서 그녀는 자용의 성적표를 보고는 경탄했다.

"어머나, 세상에…… 이게 어떻게 된 일이야?"

"뭐, 이 정도야."

라며 자용은 웃었다. 성적표는 전부 A학점이었다.

사람 좋아 보이는 동안의 청년이라고만 생각했는데, 보통이 아니었다. 서울의 명문이라는 이화여자대학교를 나온 선희도 자용을 보는 눈이 놀라움에서 깊은 존경으로 바뀌어 있었다.

자용은 곧 매사추세츠 주의 케임브리지에 위치하고 있는 명문 중의 명문, 하버드 대학교에서 장학 시험에 합격하고, 교량과 빌딩의 설계에 대해 배우게 되었다.

'설계사 자격증을 따서 조국에 큰 건물을 지어 보자.' 라는 목표를 세운 것이다. 여기에서도 역시나 특기인 주판이 위력을 발휘해, 토목 공학에 필요한 복잡한 계산을 하는 일은 언제나 학부 톱이었다. 시험을 칠 때나 어려운 문제를 만나면 자용은 마음속으로 수호신에게 빌었다. 그러면 왠지 기분이 진정되어 좋은 성적을 얻을 수 있었다.

담당교수에게서 코리안 에이스라는 칭찬을 받고 동급생들에게도 존경받았지만, 자용은 위대한 수호신에 관한 것만은 침묵했다. 왜냐하면 첨단 과학의 나라에서 이런 것을 믿는다고 했다간,

"한국인들은 미친 거 아니야?"
라고 비웃음당할 것이 뻔하기 때문이었다.

이 무렵, 모국에서는 김일성의 주도하에 한국전쟁이라는 비극이 일어났다. 어머니께서는 잘 계신 걸까? 소식은 두절된 그대로였다. 불효자식을 용서해 달라고 빌면서 자용은 이를 악물고 학문에 힘썼다.

4년 후, 자용의 아파트 문을 두드리는 사람이 있었다. '누구지?' 하고 생각하며 문을 열자 대학을 막 졸업한 선희가 트렁크를 옆에 둔 채 서 있었다. 선희의 웃는 얼굴이 마치 한국에 피는 옅은 분홍빛의 무궁화를 떠올리게 했다. 선희는 자용의 양손을 잡고 연하의 남자를 올려다보고는 갑자기 그의 품에 뛰어들었다.

"자용, 좋아해! 나랑 결혼해 줘? 어때?"
라고 말하며 숨을 몰아쉬었다. 대답을 했는지 어쨌는지 기억이 나지 않는 와중에 정신을 차리고 보니 선희의 따뜻한 몸을 꽉 껴안고 있었다.

유학을 할 수 있는 길을 열어 주고, 공학부로 진학하라는 조언도 해 주었던 선희에게는 큰 은혜를 입은 것이나 마찬가지였다. 게다가 선희는 꽤 미인이었다. 모국에서도 다시 찾아보기 힘든 5살 연상의 여인에게 자용은 고개를 크게 끄덕였다.

"이것도 하늘의 뜻, 호랑이 신의 가호인가?"
"그래, 우리가 이렇게 되는 건 운명인 거야."
선희는 자용의 품에 안겨 웃었다.

아메리칸드림의 남자

그 후에 선희는 자용이 먹고 싶어 했던 김치를 만들고 하얀 쌀밥과 함께 식사를 차려 주었다.

외무성의 장관 비서였던 선희는, 귀국하면 다시 관공서에 들어갈 수 있는 인맥이 닿아 있었다. 하지만 그녀는 연하의 자용에게 인생을 걸고, 일을 계속하며 자용의 공부를 도왔다.

3년 동안 계속된 한국전쟁이 휴전을 선언한 다음 해, 1954년에 자용은 8년 만의 유학을 끝마치고 건축·설계에 관련된 국제 라이선스를 취득해 선희와 함께 귀국했다. 부산항에는 예순살의 어머니가 혼자 마중을 나와 있었다. 9년 만의 재회였다.

어머니는 아들의 품에 안겨 '아이고, 아이고~' 하며 울었다.

"아버지에게 한 번만이라도 훌륭해진 네 모습을 보여 드리고 싶구나⋯⋯."

어머니는 계속 반복해 말했다. 미국에서 건설 현장의 감독도 체험한 터라 자용은 몰라볼 만큼 다부진 체격으로 변해 있었다.

한국전쟁이 한창 계속되고 있던 때, 패할 뻔한 북한군은 중공군의 참전에 숨을 돌리고 맹렬한 반격을 개시했다. 형세가 역전되자 미국 대통령 트루먼은 원자폭탄을 투하하겠다고 으름장을 놓았고, 어머니는 기회를 틈타 혹한의 12월에 언 몸을 이끌고 남하하는 국군의 뒤를 따라 서울에 도착했다고 한다. 그녀는 아들이 있다는 미군 캠프를 찾았지만 그곳은 이미 폐허가 되어 있었다.

그 후, 어머니는 며칠에 걸쳐 미군 사령부를 찾아 아들의 유학 사실을 전해 듣고, 외무성에서 겨우 유학한 곳을 알게 되었다. 얼마나 고생을 하셨을까? 어머니의 머리는 백발이 되어 있었다.

자용이 귀국했을 때 서울의 거리는 도처에 전쟁의 흔적이 남아 있었다. 스물여덟의 자용은 한국 부흥에 힘쓰기로 마음먹었다. 북쪽의 고향에 돌아가는 것은 이미 불가능했다.

그는 부인의 연줄로 자금을 빌려 서울에 설계사무소를 열었다. 그때부터 한미재단 100동의 아파트를 시작으로 미국대사관, YMCA 빌딩, 부산의 구세군 본부 빌딩, 한강 다리 등 큰 건축물을 손수 다루었다. 능숙한 영어 덕분에 국제적인 계약도 체결할 수 있었다. 이윽고 사무실 직원만 20명인 대건설회사의 사장이 되었다.

"사장님, 사장님 하면서 많은 사람들이 따라 주었죠. 북한 출신은 여기저기서 소외되는 시대였지만 저는 아메리칸드림을 실현한 남자로 존경받았습니다."

조자용 관장은 잠시 옛 일을 생각하며 숨을 돌렸다.

장학금을 받았던 것에 대한 보은으로 열정을 다해 일했고, 철골을 짊어질 만큼 젊은 사람 뺨칠 체력에, 밤에는 청구대학 공학부에서 설계 강의를 하며 많은 젊은 기사들을 육성했다.

"그럼에도 언제나 채워지지 않는 것이 있었습니다. 분단된 북의 고향에는 뭐 하나 할 수 있는 것이 없었으니까요."

자용은 두 딸의 아버지가 되었는데, 장녀가 '에밀레'라는 아름다운 이름이었다. 경주에 있는 범종의 이름에서 따온 에밀레라는 단어는 외국 느낌도 풍겼다. 다섯 살 밑의 둘째는 '마가렛'이라고 이름 붙였다. 짧은 휴식 시간이 생기면 그는 에밀레를 데리고 서울의 골동품 거리를 걸었다. 자용은 돌아가신 아버지의 영향으로 오래된 물건을 좋아했다. 어느 골동품상에서 청자와 백자를 물끄러미 보고 있는데 국민학생인 에밀레가 포스터 사이즈의 호랑이 그림을 발견하고는 소곤거렸다.

"아빠, 이거 사 줘요. 피카소가 그린 것 같아!"

과연, 본 적도 없는 기발한 디자인의 그림은 한쪽에 까치도 그려져 있었다. 서명은 없었지만 조선시대의 것이었다. 자용은 그것을 싼값에 손에 넣었다. 집에 돌아와 액자로 걸어 주자 에밀레가 뛸 듯이 기뻐했다. 빙빙 돌면서 '굉장해! 굉장해!'를 연발했다.

제2의 인생을

이 그림은 후에 한국의 중요문화재로 지정되었다.

천진난만한 에밀레는 아버지에게 한국 민화의 훌륭함을 일깨워 주었다. 그러나 천사 같았던 에밀레에게 비극이 찾아왔다. 열두 살 생일 직전에 심장 발작을 일으켜 그만 세상을 뜨고 만 것이다.

"원래 행운 뒤에는 재앙이 숨어 있는 법이죠. 타고난 운명이라는 걸까요……"

재앙은 인과에 따르는 경우가 많았다. 관장은 그동안 쌓아두던 어두운 이야기들을 털어놓기 시작했다.

1974년 여름, 마흔여덟의 자용은 부인 선희와 뉴욕에서 설계와 관련된 큰 계약을 성사시켰다. 돌아오는 길의 호놀룰루 공항은 심하게 더웠다. 그곳에서 자용은 갑자기 숨 쉬기가 힘들어지더니 의식을 잃고 쓰러졌다. 부인이 순간적인 기지로 응급차를 부르지 않았더라면 자용도 거기까지였을 것이다.

"침대에서 필사적으로 외치는 선희의 목소리에 정신을 차린 게 7시간에 걸친 혈관 바이패스 수술이 끝난 후였습니다. 급성 심근경색 같았는데, 그동안 피로를 몰랐던 제 심장이 왜 멈췄던 건지 이해할 수가 없었습니다."

처음으로 그는 심약한 미소를 지어 보였다.

"힘든 업무가 계속되니 피로가 쌓여서였을지도요……. 술도 많이 약해졌으니까요."

자용은 다른 삶의 방식을 생각하지 않을 수 없었다. 병상에 걸어 놓았던 에밀레의 사진이 한국의 미술품을 찾아다니라고 속삭였다. 존경하는 민속학자 야나기 무네요시(柳宗悅)가 떠올랐다. 그는 식민지 시절, 조선 도자기의 가치를 발견한 일본인이었다.

야나기는 조선의 백자와 청자의 심오한 아름다움에 눈을 뜨고, 서울에 조선민속미술관을 개설했다. 1919년, 조선 각지에서 3·1독립운동이 일어나자 일본은 참혹한 탄압으로 대응했으나 야나기는 공공연하게 조선 사람들의 곁에 서서 일본을 비판했다. 자용은

'야나기 무네요시가 놓친 것이 이 나라에 잠들어 있지는 않

조자용 관장

을까?'

라는 생각이 떠올랐다.

20년 동안 지속해 온 건설회사를 그만두고 모든 것을 처분하자 일본 엔화로 4억 엔 정도가 모였다. 그때부터 각지의 골동품상을 돌아다녔는데, 호랑이와 표범에 관한 귀중한 민화들이 먼지를 뒤집어쓴 채 묻혀 있는 것을 볼 수 있었다. 고향 집의 거실에 걸려 있던 호랑이 산신 그림과 비슷한 것도 있었다. 자용은 크게 기뻐하며 그림을 사 모았고, 심사숙고한 끝에 청주시에 에밀레미술관을 세우게 되었다.

"감개무량했지요. 제2의 인생을 발견한 기분이었습니다."

얼마 안 있어 에밀레미술관은 신라와 조선시대의 귀와(鬼瓦), 커다란 항아리 등도 수집해서 유명해지게 되었다.

관련된 논문까지 발표한 조자용 관장을 사람들은 민속학자로 칭송하였다. 북한에서 태어나 일본의 침략과 소련 침공이라는 비극을 겪은 수많은 사람들. 그 안에서 굴하지 않고 자유세계로 나아가 결국 한국의 문화재에 빛을 비춘 조자용은 호랑이와 표범을 수호하는 사람이자, 그 전신에 흐르는 것은 한민족으로 부끄러움 없이 살아간 긍지라고 할 수 있을 것이다.

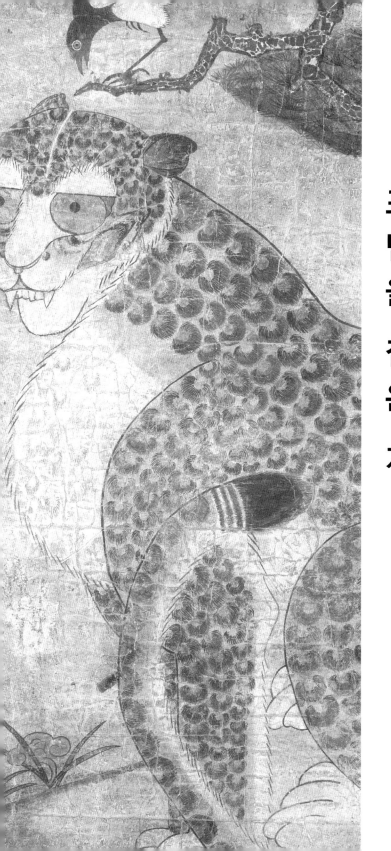

제 8 장

표 범 을 잡 은 개

가야산국립공원의 표범

　청주에서의 하룻밤, 나는 관장에게 합천군 오도산에서 사로 잡힌 표범의 이야기를 했다. 그러자 조자용 관장이 뜻밖의 말을 했다.

　"그러고 보니 벌써 이십 년이나 지난 일이지만, 해인사가 있는 가야산국립공원 인근의 마을에서도 개가 표범을 잡았다는 얘기를 들은 적이 있어요."

　"네?"

　하고 나는 몸을 앞으로 내밀었다. 관장은 『동아일보』에 실린 것을 본 적이 있다고 말했다.

　"그럼 기사를 찾아서 보내드리지요. 분명 잘라서 보관해 뒀을 겁니다. 조금 시간이 걸리더라도 기다려 주세요. 일본의 아우를 위해서니까요."

　라며 가슴을 두드렸다. 그는 나를 아우라 부르며 사라져 가는 동물들을 찾아다니는 나의 여행에 점차 공명하고 있었다.

나는 가슴이 크게 두근거렸다. 에밀레미술관에서 오도산에 이은 표범의 흔적을 발견할지도 모르기 때문이었다. 이윽고 조 관장은 기사를 찾아 일본어로 번역해 보내 주었다.

"1963년 3월 26일, 가야산 기슭의 마을에서 진돗개가 표범을 잡았다."

진돗개는 한국 남단에 있는 진도가 원산지인 중형 견이다. 귀가 서 있는 것이 일본의 개와도 많이 닮았다. 나는 껑충 뛰어올랐다.

"이런 비화가 남아 있었다니……. 한국은 참으로 풍요로운 나라구나!"

경상남도 거창군 가야면 가야산(1,430미터)은 소백산맥 줄기에 웅대하게 솟아 있는 산이다. 그곳은 1962년에 표범이 잡혔던 오도산에서 북쪽으로 18킬로미터 정도밖에 떨어져 있지 않다. 지금은 그 한가운데 골짜기를 대구-광주 간 4차선 고속도로가 가로지르고 있지만 두운산, 숙성산을 잇는 긴 산줄기라고 해도 과언이 아니었다.

가야산 정상에서 약 10킬로미터 남서쪽에 위치한 대전리.

그곳에서 이른 아침 5시경, 한 마리의 표범이 진돗개에게 물려 죽었다. 산제리 가야마을에서 황홍갑이 표범을 사로잡은 지, 1년하고도 한 달이 지난 시점에도 이 지방에는 표범이 남아 있었던 것이다. 진돗개와 함께 표범을 잡은 사람은 대전리의 황수룡(38세)이었다. 황 씨는 두 마리의 진돗개를 키우고 있었는데 22일 밤 9시경, 가야면 대전리의 뒤에 있는 비끼니산을 진돗개 한 마리와 산책하던 중, 갑자기 표범이 나타나 개 한 마리를 잡아먹었다고 했다.

다음 날, 황 씨는 남은 진돗개를 데리고 동료들과 함께 그 표범을 찾아 복수하기로 했다. 진돗개는 여덟 시간이 넘도록 표범과 싸울 수 있는 개로 유명하다. 이 표범은 열두 살의 나이에 몸길이 1미터, 꼬리 길이가 70센티미터였다. 죽은 표범은 대구 시장에 8만 원에 팔렸다.

신문기사는 진돗개를 극구 칭찬하며 표범을 완전히 무시하고 있었다. 한국에서 표범은 아직도 해를 끼치는 짐승이었던 것이다.

신문을 본 조 관장은 매우 놀라, 즉시 표범을 사기 위해 급히 대구시로 향했고 신문기자로부터 아시아 총포상에 팔린 것을 확인했지만 표범은 뱀 가게에 다시 팔린 상태였다. 뱀 가게는 대구의 달성 근처에 위치한 한약재상이었는데, 찾아가 보니 표범은 지하실의 큰 도마 위에 놓여 있었다. 시퍼런 어금니가 달린 얼굴을 손님들 방향으로 향하게 하고, 아름다운 모피째로 검붉은 고기가 팔기 좋게 무참히 잘려 있었다. 손님이 쇄도하는 바람에 고기도 뼈도 거의 남아 있지 않았다. 모피는 이미 판매가 예약되어 있었다.

조 관장은 두개골만이라도 양도해 달라고 끈질기게 얘기했지만 그것도 이미 팔려서 손에 넣을 수 없었다. 표범 고기는 달여 마시면 광견병에 특효약이라고 알려져 있다.

"한방에서는 표범을 호랑이 고기와 마찬가지로 영험하다고 믿고 있습니다."

라며 관장은 편지에서 한탄했다.

한반도에서는 당시에 광견이 자주 출몰해 사람을 물고, 그로 인해 죽는 사람이 적지 않았다. 광견병은 발병하면 대부분이 죽음에 이르는 바이러스성 질환이다.

이 사건은 20년 정도 지난 일이었다. 관계자가 아직 건강하지 않을까? 나는 조 관장에게 표범이 포획됐던 곳을 방문하고 싶다고 써 보냈다. 아시아에서 사라져 가는 동물들에 대한 기록만이라도 건지고 싶었다. 그러자 기꺼이 동행하겠다는 답장이 돌아왔다.

"지금까지는 서화 골동품에만 신경을 썼었지요. 이 기회에 일본의 아우, 아니 작가님을 본받아 동물학과 생태계 보호의 관점에서 호랑이와 표범, 그리고 인간의 운명을 돌아보고 싶군요."

관장이 말했다.

이 나라를 식민지로 만들고 지배하며 수많은 폐를 끼친 일본인에게 따뜻한 마음을 보여 준 관장이었다. 나는 운명을 느끼며 다시 한 번 한국을 찾았다.

총포상과 뱀 가게

1985년 2월 1일, 나는 조자용 관장과 재회하여 자동차를 타고 대구로 향했다.

대구는 가야마을에 살던 황석훈이 집을 떠나 교통사고를 당한 곳이었다. 인구 200만 이상이 살고 있는 한국 제3의 대도시다. 변변한 신호등도 없는데 속도를 내는 차 앞에서는 자동차에 익숙한 나조차도 위험했다.

신라의 왕이 쌓아 올린 달성(達成) 근처에 차를 세우고 조 관장과 뱀 가게를 찾았다. 뱀 가게라면 표범 모피의 행방을 알고 있을 터였다. 그 당시 손에 넣은 사람의 집에서 가보로 내려오지는 않았을까? 어떻게 해서라도 주인을 만나 보고 싶었다.

조 관장도 흥미를 보였다. 그러나 근처에 있다던 뱀 가게는 찾을 수 없었다. 부근에는 작은 가게가 밀집해 있었는데 몰라볼 만큼 빌딩숲으로 바뀌어 있었다. 어떤 나라에서나 대도시의 거리는 금방 변하게 마련이다.

표범을 샀던 총포상이라면 알고 있을지도 몰랐다. 관장과 함께 아시아 총포상을 방문하자, 점주는 이미 세상을 떴고 아들이 운영을 하고 있었다. 젊은 아들은 아버지가 표범을 샀다는 것도 처음 듣는 일이라고 했다. 죽은 점주의 부인에게 전화를 걸어 물어봐 주기를 청했지만 어찌 된 일인지 부인도 모르고 있었다. 부인도, 아들도 그저 놀라워할 따름이었다.

달성 앞에는 작은 광장이 있어서 돌계단 앞에 노점을 펼친 뱀 장사꾼이 있었다. 여러 종류의 말린 뱀과 분말가루를 늘어놓고, 발밑의 대바구니에는 살아 있는 뱀 몇 마리가 뒤엉켜 있는 것이 보였다. 주인장은 오래된 일본어 신문을 펼쳐 놓고 객을 불렀다.

"일본 사람이 말이죠, 대단해요? 나이 여든에 뱀 가루를 타 먹고 사내아이를 얻었다네요. 이렇게 말이죠."

신문에 실린 사진에는 이상한 노인이 갓난아이를 안은 채 웃고 있었다. 한국에서는 사내아이를 선호한다. 뱀 가게 주변 에 앉아 있는 사람들은 어딘가 자신감이 없어 보이는 중년의 아저씨들뿐이었다.

"밤일이 힘든 사람, 사내아이를 얻고 싶은 사람은 그냥 가지 마세요. 자, 자~, 고민하지 말고 뱀 사세요!"

조 관장이 크게 웃었고, 나 또한 덩달아 웃게 되었다. 그러 고 나서 22년 전 지하실에서 표범을 잘라 팔았던 뱀 가게, 즉 한약재상에 대해 물어보았다. 대구시에는 한국 최대의 약재상 거리가 있어서 인삼에서 여러 가지 약재와 웅담을 취급하는 약재상이 삼백여 곳은 넘는다고 했다.

"표범 고기를 판 가게라……. 들어본 적이 없는데요. 그런 신 문기사 따위를 믿을 수 있겠어요?"

뱀 가게 주인장이 고개를 획 돌렸다.

보물의 증인

이렇게 된 바에야 대전리를 찾아가 보는 수밖에 없었다.

무거운 마음으로 산골짜기의 길을 더듬어 갔다. 북동쪽에 가야산국립공원의 웅대한 바위산이 나왔다. 조 관장은 서두르지 않았다. 가는 도중에 들른 식당에서 나에게 지방 명물인 추어탕을 사주고 싶다고 했다. 어차피 초조해하고 있어도 소용없는 일이었다. 추어탕을 먹으면서 에밀레미술관의 경영에 대해 물어보았다.

"아무래도 겨울엔 좋지 않아요. 날씨가 따뜻해져서 단체 손님이 오기만을 기다리는 수밖에 없죠."

관장은 쓸쓸해 보였다. 둘째 딸로 화제를 돌리자 조 관장의 한숨이 이어졌다.

"마가렛은 나를 닮아 키가 커서……. 180센티미터가량 돼요. 한국에서는 남자친구도 안 생기더라고요. 그래서인지 그 애는 미국에 가서 돌아오질 않았습니다. 마가렛은 한국이라면 이거고 저거고 다 싫어해요. 제가 언니인 에밀레만 귀여워했던 탓인지도 모르겠습니다. 에밀레가 몸이 약했거든요."

관장은 억지로 미소를 지어 보였다.

"마가렛에 관한 건 신령님께 빌어도 안 되더군요. 딸아이 이야기는 이쯤 하죠."

서먹한 식사 시간이 끝나고 드디어 대전리의 남단동이라는 마을에 들어섰다. 잡목림에 둘러싸인 50세대의 농가들이 어깨를 나란히 하고 있었다. 뒤쪽 절벽에서 떨어지는 폭포는 새하얀 고드름이 되어 있었다. 작은 마을이지만 오도산 가야마을보다 평지에 있어서인지 사람들의 기척이 많았다.

오후도 벌써 3시에 가까워져 산골 마을에는 해가 걸렸다. 작은 다리 옆에서 소쿠리를 안고 있는 중년의 여성이 일어섰다. 소쿠리 안에는 새빨간 고추가 들어 있었다. 여성에게 조 관장이 말을 걸었다.

"아주머니, 잠시 말씀 좀 여쭙겠습니다."

그녀는 작은 냇가에서 바싹 말린 고추를 흐르는 물에 씻고 있었다.

"이십 년도 더 된 일입니다만, 표범을 잡았던 황수룡이라는 사람을 알고 계십니까?"

호리호리한 아주머니는 바로 안쪽을 가리켰다.

"잘 찾아오셨네요! 우리 형님네 이야기 같은데. 신령님께서 안내해 주셨나 보네요."

역시 동아일보라는 생각이 들었다. 신문기사는 허풍이 아니었다. 표범이 잡혔던 비끼니산은 얼어붙은 폭포 저편에 펼쳐진 곳이라고 했다.

'이런 산에서 표범이 나온건가!'

오도산보다 나무는 무성했지만 산 자체는 낮고 활엽수 잡목림과 떡갈나무의 마른 잎이 휘감겨 있었다. 저쪽, 저 근처라고 말하던 아주머니의 얼굴이 흐려졌다.

"수룡 오라버니는 돌아가셨어요. 벌써 십 년이나 됐네요."

"어찌 된 일입니까? 그럴 만한 나이도 아닐 텐데……."

"여하튼 집으로 가시죠. 수룡 오라버니의 동생인 제 남편이 있으니까요."

아주머니의 뒤를 따라 오래된 흙벽이 늘어선 길에서 목조문을 열고 민가로 들어섰다. 안뜰에 놓아기르는 대여섯 마리의 닭이 추위에 웅크리고 있었다.

안내해 준 온돌방에서 기다리고 있으니 황수룡 씨의 동생이 나타났다. 황정길, 마흔네 살이라고 본인을 소개했다. 늘씬한 체격에 농부다운 풍모를 지닌 정길 씨는 텔레비전 옆에 양반다리를 하고 앉았다. 형의 죽음을 애석해하자,

"이래 봬도 수룡 형하고 똑 닮았단 소리를 듣는데 말이죠." 라며 턱을 쓰다듬었다. 갑작스러운 이방인의 방문에도 흔쾌히 상대를 해 주었다. 아주머니가 밥상에 삶은 달걀이 다섯 개나 들어 있는 밥그릇을 내왔다. 안뜰의 닭이 낳은 듯했다. 조 관장은 이내 껍질을 벗긴 달걀을 입안 가득 채우며 통역을 시작했다.

표범을 잡은 형과 만나고 싶었다 얘기하자 정길 씨가 무어라 대답을 했다. 관장은 그 말을 듣더니 눈을 크게 뜨고 손뼉을 치며 웃음을 터뜨렸다.

"표범을 잡은 건 이 사람이에요. 형은 단지 마을에 팔러 나갔을 뿐이라고 하네요. 정말로 신령님의 가호가 있나 봅니다! 기사는 신문기자가 적당히 써 넣은 것 같아요."

생각지도 못했던 증인을 찾았다. 황정길 씨는 성실해 보이는 외모에, 드문드문 수염을 기른 느긋한 인상의 소유자였다. 정길 씨가 마치 어제의 일인 것처럼 이야기를 시작했다.

돌아오지 않는 개

그때, 정길은 스물세 살이었다.

2년간의 병역을 막 마친 때였는데, 집에서 형의 농사일을 도우며 메리라고 부르는 수컷 진돗개를 기르고 있었다. 메리는 마을에서 태어난 개라 혈통서 같은 건 따로 없었다. 새하얀 털에 귀는 반 정도 서 있는 개였다. 진돗개는 한국의 서남단, 목포 앞바다의 진도가 원산지로 일본의 아키다 견과 닮았지만 야생성이 강한 편이다.

1963년 3월 23일 저녁에 정길은 친구 영철과 함께 오소리 사냥을 갔다. 영철은 동글이라는 진돗개 암컷을 데리고 있었다. 오소리는 곰과 비슷한 모양의 발톱을 지닌 동물로 수풀에서 찾아볼 수 있다.

밤의 비끼니산에는 올빼미가 울어대고, '피요~' 하며 피리 소리를 내는 새도 있었다. 개는 덤불을 뛰어다니며 오소리를 발견하면 으르렁댔다. 남자들이 달려올 때까지 도망가지 못하게 하다가 여차하면 물어 죽인다. 잘만 하면 두 시간에 한두 마리의 오소리를 잡을 수 있었다.

그래서 달이 밝은 밤에는 자주 사냥을 갔다. 너구리를 닮아 통통한 오소리는 소고기보다 맛있어서, 모내기나 벼 베기 때 사람들이 모이면 훌륭한 식사거리가 됐다. 고기는 볶아 먹고, 뼈는 폭 고아 먹으면 좋다.

그날 밤, 두 마리의 진돗개는 비끼니산에 들어가 두 패로 갈라졌다. 정길이네 메리는 사람들 가까이에 있었고, 암컷인 동글이는 좀 더 산등성이 주변을 부스럭대며 뛰어다녔다. 그러던 와중에 "캥!" 하는 비명인지 으르렁거림인지 알 수 없는 동글이의 소리가 정길에게 들려왔다.

"뭐지?"

귀를 기울였지만 이상한 소리는 그것으로 끝이었다.

달빛이 기울어지자 젊은이들은 휘파람으로 개들을 불렀다. 메리는 바로 돌아왔는데 동글이의 모습이 보이지 않았다. 조금 기다려 보았지만 발자국 소리도 들리지 않았다. 다섯 살인 동글이는 변덕이 심해서 먼 길을 달려 멋대로 집으로 가 버리는 경우도 때때로 있었기에 둘은 동글이의 흉을 보며 돌아갔다. 오소리는 개가 없으면 사냥이 힘들기 때문이다.

다음 날 아침 일찍, 영철이는 투덜대며 정길이의 집에 왔다.

"이봐, 동글이가 아직도 안 돌아왔어."

"그래? 어젯밤에 묘한 울음소리가 들린 게 신경 쓰이긴 하는데……."

정길은 친구 둘을 더 불러 넷이서 함께 다시 비끼니산을 찾았다. 물론 메리도 함께였다. 마을 밖에 있는 흙다리를 건너 500미터에서 600미터 정도 산으로 들어갔을 즈음 영철은 다시 휘파람을 불었다. 귀를 기울였지만 동글이의 반응은 없었다.

표범에게 잡아먹힌 개

"망할 멍멍이, 어딜 간 거야."

영철은 욕설을 내뱉었다.

그래서 정길이 "메리, 메리" 하고 부추기자 메리는 꼬리를 세우고는 어젯밤의 산을 향해 들어갔다. 발소리를 듣고 있는데 얼마 되지 않아 숲 안쪽에서 심상치 않게 짖어대는 소리가 들렸다.

"어이, 뭔가 있나 봐."

청년들이 막대기를 무기 삼아 용감하게 다가가자 메리가 바위가 널려 있는 곳 앞쪽에 있는 커다란 고양이 같은 것을 향해 엄청난 기세로 울부짖고 있는 것이 보였다.

"뭐, 뭐지? 이 녀석은?"

"살쾡이인가?"

그것은 흑갈색의 몸체에 점박이 무늬가 있었는데, 녹색의 눈을 번뜩이고 있었다. 넷 모두 난생 처음 보는 짐승이었다. 큰 바위 앞에 서서 털을 곤두세우며 어금니를 드러내고는 자신을 향해 짖어대는 진돗개 때문에 당황하고 있었다.

"이놈이 동글이를 해치운 건가?"

"그런 것 같아. 어, 도망간다!"

청년들은 발밑에 굴러다니는 주먹만 한 큰 돌을 들고는 메리 뒤에서 삵을 겨냥해 던졌다. 5~6미터의 근거리에서 온 힘

대전리 마을(마을 뒤로 표범이 잡힌 큰 산이 보인다)

을 다해 던지자, 갑자기 돌을 맞게 된 짐승의 기세가 꺾였고 곧 메리가 덤벼들었다. 용감한 진돗개는 짐승을 공격하고 바로 확 물러났다. 짐승은 움직임이 점점 둔해지며, 머리와 등에 퍽 퍽 돌을 맞았다.

삵은 쌓여 있는 돌 밑으로 내려가 머리를 숨겼지만 엉덩이 쪽은 그렇지 못했다. 점박이 모양이 있는 등을 향해 커다란 돌들이 퍼붓듯 쏟아졌다. 삵이 몸을 뒤로 젖히고 허연 목을 드러내며 캬악~하는 소리와 함께 헐떡거렸다. 메리가 달려들었다.

"잘했어!"

정길이가 공중에서 막대기를 내려쳤다. 삵은 비명을 남기며 늘어졌다.

"만세~, 만세~!"

넷은 마을에 들릴 정도로 소리 지르며 춤을 추었다. 정길은 큰 공을 세운 메리를 끌어안았다. 메리도 꼬리가 끊어질 정도로 흔들어댔다.

"동글이는 어디 있지?"

주변을 두리번거리던 영철이가 이상한 형체의 무언가를 발견했다.

"아아, 아이고~, 이게 동글이구나……."

피투성이가 된 개의 머리와 꼬리가 붙어 있는 허리뼈가 뒹굴고 있었다. 거의 대부분이 삵에게 먹힌 상태였다.

"싸움이라면 동글이가 마을 제일이었는데……. 아이고~."

영철이가 눈물을 뚝뚝 흘렸다.

만취한 표범

여기까지, 술술 비화를 이끌어 내던 조자용 관장이 무릎을 탁 쳤다.

"옛날 책에서 호랑이가 개를 잡아먹으면 취한다는 내용을 본적이 있습니다. 만취라고 하기도 하고 배가 불러 움직이지 못하는 만복을 일컫기도 하죠. 표범은 전날 밤에 공복 상태에서

개를 습격했고, 그것을 먹어 배가 불렀을 겁니다. 그래서 새로 나타난 개와 싸우지 못했죠. 사람도 마찬가지로 배 한가득 먹고 나면 아무리 강한 선수라 해도 격투기에서 이기기는 쉽지 않을 거예요. 씨름이나 레슬링을 봐도 그렇고요."

호랑이와 표범의 나라다운 이야기이다.

"음, 먹은 개를 토해 냈으면 괜찮았을 텐데……."

조 관장은 애석한 듯 중얼거렸다.

"신라와 고구려 시대에는 사냥꾼이 총 없이도 여러 마리의 맹견을 데리고 호랑이나 표범을 잡으러 다녔다고 합니다. 이런 식으로 어린 표범을 사냥했겠지요. 음, 이거 흔치 않은 이야기를 들었네요."

지금도 러시아 연해주의 사냥꾼 중에는 설산에서 호랑이 모자를 발견하면 어미는 발포해서 내쫓고, 멀리 달아나지 못하는 새끼 호랑이를 포획하는 경우가 있다. 한반도에도 그런 방식의 사냥법이 있었는지 모른다.

정길 일행이 땅에 끌릴 것 같은 긴 꼬리를 늘어뜨린 채 표범을 막대에 매달아 다 함께 으스대며 남단동의 마을까지 짊어지고 오는데,

"어라, 너희들 뭘 잡아 오는 거냐? 어디, 어디, 삵인가?"

라며 박학다식하기로 유명한 동네 노인이 나와 살펴보았다.

"이, 이건 삵이 아니고 호랑이 사촌이 아니냐! 아이고, 이거, 이 동그란 무늬 좀 보게."

노인이 소스라치게 놀라며 몸을 떨었다. 정말로 갈색의 전신

에 검은 꽃무늬가 있었다. 젊은이들은 기겁했다.

"호랑이 사촌이라는 걸 알았더라면……. 아마 겁에 질려서 오히려 손도 못 썼을걸?"

금세 마을 안의 남녀노소가 모여들었다. 표범의 피비린내 나는 사체를 둘러싸고 새까맣게 모여든 사람들로 큰 소란이 일었다.

증거 사진

"표범을 어떻게 하지?"

내버려 두면 고기는 내장부터 썩어 들어갈 것이 분명했다.

"어느 부자한테 비싼 값에 팔았으면 좋겠는데……."

청년들은 들떠서 정길의 형인 수룡에게 표범의 처분을 부탁했다. 수룡은 표범을 마대에 넣어서 버스로 한 시간 반 정도 거리에 있는 대구로 나갔다. 대구는 한국에서 서울, 부산의 다음가는 세 번째로 큰 도시다.

떠맡기는 했지만 수룡도 시골 사람인지라 표범의 매매에 대해 털끝만큼도 아는 것이 없었다. 대구시 달성 앞에서 버스를 내려 아시아 총포상을 발견하고는 문을 열었다. 엽총이 죽 늘어서 있는 쇼윈도 앞에서 머뭇대며 사장을 찾았다.

"저기……. 호랑이 사촌을 팔고 싶은데요. 어디로 가져가야……."

"뭐라고요? 호랑이 사촌? 어디 한번 봅시다. 오오, 이건 표범이 아닙니까! 이거 정말 굉장한 걸 잡으셨군요!"

퉁퉁한 총포상 사장이 연신 감탄사를 내뱉으며 숨이 턱에 닿을 정도로 놀라워했다.

"좋아, 나한테 맡겨요!"

라며 눈앞에서 여기저기 전화를 걸어 구매자를 모으고 가장 높은 값을 부른 한약재상 뱀 가게에 판매했다. 그 후에 총포상 사장이 동아일보 기자를 불러 황수룡과 표범의 사진을 찍고 기사를 쓰게 한 것이다.

두 시간도 걸리지 않아, 아시아 총포상 사장은 뱀 가게로부터 거금을 받아 수룡에게 넘겼다. 수룡은 그것을 보자기에 싸서 떨어뜨리지 않도록 배에 꽁꽁 묶은 후 돌아갔다.

어쨌든 개를 이용해 표범을 잡았다는 것이 놀라워 질문을 던졌다.

"혹시 사진 같은 건 없을까요?"

"있고말고요."

정길 씨가 웃으며 돌아보았다.

그러자 아주머니가 서랍에서 한 장의 흑백 사진을 꺼냈다. 표범을 한가운데에 두고 메리와 네 명의 젊은이들이, 그리고 주변에는 새까맣게 모여든 마을 사람들과 아이들이 찍혀 있었다.

"우와, 이건…… 진짜 증거 사진이군요!"

손이 환희로 떨려 왔다.

표범을 잡은 메리와 4명의 청년들 뒤로 마을 사람들이 모여 있다.

마을에 포교하러 왔던 크리스트교의 선교사가 찍어 주었다고
했다. 표범은 사진으로 보기에도 어렸다. 1962년에 합천군에서
생포된 것과 비슷해 보였다. 어쩌면 피가 이어진 사이일지도
모른다.

소백산맥의 한쪽에 자리 잡은 가야산(1,430미터)은 명찰(名
刹) 해인사(海印寺)를 품고 있는, 암벽이 솟아오른 웅장한 산이
다. 그 산기슭 일대에는 벌채를 면한 나무숲이 여기저기 우거
져 있고, 1963년까지 표범이 존재해 오소리 등을 먹고 살았다.

나는 조심스럽게 사진을 카메라의 흑백필름에 담았다.

암소로 바뀐 진돗개

"그 후에 진돗개는 어떻게 됐습니까?"

조자용 관장이 물었다.

"개가 표범을 잡았다고 신문에 실리고 나서, 부산 근처에 있는 김해에서 진돗개보존협회 임원이라는 남자들이 옷을 쫙 빼입고 차를 끌고 왔습니다. 개를 팔라고 하더군요. 표범과 싸워서 이긴 명견의 혈통으로 훌륭한 진돗개를 만들고 싶다고 했어요."

김해는 풍족한 도시다.

"소중한 메리를 팔고 싶진 않았지만 나라의 천연기념물을 육성하는 데 공헌해 달라고 해서……. 술도 많이 사 주더라고요. 형도 잔뜩 취해서는 괜찮지 않겠냐면서……."

"이게 어찌 된 일이지?"

조 관장이 일본어로 내뱉었다. 기분이 좋지 않아 보였다.

"집안의 가장인 수룡 형이 무언가 결정해 버리면 동생들은 반대를 못 해요. 시골은 대부분 그렇죠. 메리는 결국 김해 사람들에게 7만 원에 팔려 갔습니다. 개치고는 믿을 수 없이 비싼 값이죠."

"그거 참……."

"형이 아시아 총포상에 표범을 판 값은 네 명이 나눴습니다. 저는 메리 몫도 합쳐서 조금 더요. 좌우지간 터무니없이 큰돈이었지요. 형은 그 돈에 메리를 판 값을 보태서 좋은 소를 한 마리 샀습니다. 메리가 뿔 달린 커다란 암소로 바뀐 거지요."

그 얘기가 나오자 아주머니는 기쁜 듯이 두 손을 모으면서 말했다.

"암소는 마을에서 제일 좋은 소였어요. 송아지도 많이 낳았지요. 대전리에서 꽤 값나가는 소가 되었답니다."

이곳에서는 오도산과 다른 전개가 펼쳐졌다.

"좋은 개가 없어졌으니 오소리는 더 이상 잡지 못하게 됐습니다. 요즘은 밤에 사냥 같은 걸 나가는 사람도 없지만요. 서울 올림픽이 결정되면서 세상이 완전히 변했잖아요. 온 나라가 '개발, 개발' 하면서 토목공사를 해대고, 지금은 이런 시골에서도 돈 벌기 바쁜데 오소리나 잡고 있을 때가 아니죠."

"⋯⋯."

"표범이요? 그 후로는 기척도 없어요. 발자국도 그렇고⋯⋯. 얘기를 들은 적도 없네요. 오소리도 이젠 없지 않을까요? 도로는 여기저기 포장되고 다리도 놓였는데⋯⋯. 여기도 차가 꽤 다녀요. 오소리가 엄청 많이 치였죠."

암담한 기분이었다.

"이제 표범을 잡았던 일을 기억하는 사람도 우리 정도일려나⋯⋯. 마을 사람들은 벌써 다 잊었을걸요. 저 말입니까?"

정길 씨의 표정이 갑자기 어두워졌다.

"요 가을까지는 대구에 있는 시멘트 공장에서 일했었는데, 몸을 다쳐서 지금은 쉬는 중이죠."

정길 씨가 작게 콜록거렸다. 낯빛이 좋지 않았다.

"표범에게 개를 잃었던 영철이요? 부산에서 건축업자로 일하고 있습니다. 정월하고 추석, 일 년에 두 번 정도 돌아올 뿐이에요. 그런 거죠. 허리 굽은 어머니가 혼자 지내시니까요. 부인과 딸들은 표범이 나오는 마을 같은 데선 못 산다고 아예 오질 않습니다. 부산에서 살고 있어요."

표변(豹變)

해가 질 무렵에 우리는 황정길 씨 부부에게 크게 인사를 하고 차에 올랐다.

청주로 돌아가는 길, 조 관장은 부쩍 말수가 줄어 있었다. 피곤한 거겠지. 그래서 나는 숙박을 하자 제안을 했고, 도중에 시골 어디서나 볼 수 있는 작은 여관을 찾아 묵기로 했다.

열 개 정도의 식탁이 놓인 숙소에 딸린 식당 방에 앉자, 우선 작은 그릇에 죽이 담겨 나왔다. 빈속에 체하지 말라는 숙소 여주인의 배려였다. 기쁘게 먹고 있으니, 조 관장이 미소를 지으며 건배를 권했다.

"덕분에 오늘은 귀중한 표범 이야기를 들을 수가 있었네요. 고맙습니다. 오늘 밤은 제가 내죠."

우리 외에도 여덟 명 정도의 손님이 있어서인지 그는 일본어가 튀지 않도록 작은 목소리로 말했다.

"저야말로 감사의 말씀도 드리지 못했군요. 조 관장님의 훌
륭한 통역 덕택에 아시아 표범의 전기를 또 하나 쓸 수 있게
되었습니다."

나도 낮은 목소리를 내며 머리를 숙였다.

관장은 주전자에서 하얀 막걸리를 잔에 부어 조용히 비웠다.
막걸리는 한국의 전통 탁주다. 화려한 한복을 입은 젊은 여성
들이 둘러앉아 술을 따랐다. 갈치조림, 은행 볶음, 야채 튀김,
김치와 깍두기, 송이버섯 조림이 테이블 위에 놓였다. 버섯 씹
히는 맛이 괜찮았다.

조 관장을 따라서 상추에 밥을 얹고, 파란 고추와 생마늘 조
각을 같이 싸서 입에 넣었다. 신선한 야채가 몸에 활력을 일으
키고, 차가운 막걸리에 기분이 상쾌해졌다.

나는 취재에 성공한 것 때문에 감동에 빠진 상태였다.

여러 가지로 조자용 관장의 초인적인 힘에 이끌렸다고 해도
무방했다. 오도산 사건보다도 1년 후인, 어쩌면 한국 최후일지
도 모르는 표범의 사진을 손에 넣은 것이다.

"역사적인 기록이 되겠지요."

아시아에서 사라져 가는 동물을 탐구하는 나에게 있어 이
이상 기쁜 일은 없었다. 그러나 조 관장은 어딘지 모르게 우울
한 모습이었다.

"나는 일본의 교육을 받아 주판을 잘 다루게 되었고, 은사님
의 도움으로 일본 인형을 손에 넣어 그 혼란한 시기에 기적적

으로 미군 사령부 통역이 되었죠. 덕분에 미국에 가서 건축가가 될 수 있었고, 드디어 미술관까지 지었어요. 생각해 보니, 내 일생은 모두 일본 덕분이군요……. 특히 일본의 은사님은 한시도 잊은 적이 없어요."

"굉장한 인생이군요. 은사님은 그 후로……?"

"당신의 허리띠를 빼 주셨던 시바타 선생님과는 그게 끝이었는데, 어찌 계실지. 항상 온화하셨던 얼굴이 생각납니다."

나는 관장에게 막걸리 잔을 넘겼다. 그러자 그는 하소연 비슷한 어조로 말했다.

"한국은 백두산에서 남쪽으로 조선팔도 삼천리, 호랑이와 표범이 사는 산맥에는 바위산이 우뚝 솟아 줄지어 있고……. 거기에 소나무가 얽혀 있어 기복이 매우 높지 않은가?"

나도 고개를 끄덕였다. 이 나라 대자연의 아름다움은 세계 으뜸가는 것이었다.

"그 자연 안에서 이 나라 사람들은 예로부터 백의를 입으며 깨끗하고 청아했지. 하지만 지금은 어떤가? 남북으로 갈려서 서로 으르렁대고 있지 않나."

"유감스러운 일이죠……."

"일제 침략 시기에도 인도의 간디처럼 비폭력으로 참고 견디면 언젠가 신령님이 구해 주실 거라고, 진정한 아침이 올 것이라고 내 아버지는 굳게 믿으셨지."

조용히 잔을 기울이던 조 관장의 음성이 돌연 날카롭게 변했다.

"일본의 만행은 무슨 일이 있어도 용서할 수 없어. 조선의 청년들이 한낱 일본군의 병사로 이용되었다고! 군에 들어간 내 친구들은 다시는 돌아오지 못했어!"

큰 소리의 일본어에 놀란 주변 손님들이 모두 이쪽을 쳐다보았다.

"냇가에서 같이 메기를 잡고, 고무신으로 물놀이를 하면서 헤엄치던 친구들을……. 그렇게 착한 녀석들을 모두 죽게 만들다니!"

관장은 술을 단숨에 털어 넣었다. 술을 따르던 여자들이 달래듯 가까이 다가앉았지만 소용없었다. 이것이 표변(豹變)인가, 그의 말과 행동거지는 점점 커져만 갔다.

"베를린이 함락되고 히틀러가 애인과 함께 자살한 게 5월 6일이지. 그때 이미 일본의 패배는 정해진 것을……."

나는 놀라서 움츠러들었다.

"무조건 항복 선언을 늦춘 놈들……. 용서할 수 없어. 히로시마에 원폭이 떨어진 게 8월 6일. 그날 항복했더라면 소련군의 침공은 없었을 텐데……. 스탈린은 일본이 항복할 것을 눈치채고 9일에 국경을 넘어 백만 이상의 병력으로 총공격을 감행한 거야."

"그 말대로입니다……."

"스탈린은 해서는 안 될 짓을 저질렀어. 이 나라를 두 동강 낸 거지! 그리고 그, 소련군이 끌어들인 김일성이라는 애송이는 대체……. 실제 인물은 예순을 넘었을 터, 가짜는 겨우 서른 즈음이었다고."

북한의 김일성은, 소련군이 러시아어에 능숙한 다른 사람을 김일성 장군으로 만들어 냈다는 말이 있었다.

"그 독재자도 용서 못 해. 내 아버지는 녀석들의 앞잡이에게 목숨을 잃었어. 가난한 사람들에게는 한 푼도 받지 않고 치료해 주시던 분인데…… 널리 존경받던 아버지가 처참하게 노상에서 돌아가시다니…… 독자인 내가 아버지 무덤조차 만들 수 없다니……. 아이고……."

표범의 죽음을 애도하다

조 관장은 다시 한 잔을 꿀꺽 넘기고 나를 쳐다보았다.

"우리나라에는 왜 표범이나 호랑이를 소중히 여기는 학자와 작가가 없는 거야! 어째서 일본 사람이 찾으러 다니는 거냐고!"

"그……. 멸종해 가는 동물들에게 관심을 갖는 건 누가 해도 상관없다고 생각합니다. 아시다시피 맹수는 국경을 넘나드는 존재잖아요. 한국에도 분명 머지않아 연구자와 보호하려는 사람들이 나타날 겁니다."

"그런가, 호랑이와 표범은 국경을 넘나든다……. 그렇지……."

고개를 끄덕이는 조 관장에게 조금이나마 미소가 돌아왔다. 그러나 취기는 또 다른 곳을 향했다.

"정말로 한국에서는 호랑이도, 표범도 사라진 걸까? 혹시 휴전선에 살고 있지는 않을까? 응? 일본인 작가!"

"힘들 것 같은데요. 비무장지대는 폭이 4킬로미터밖에 되지 않아서 너무 좁아요. 먹이가 될 만한 사슴과 멧돼지도 없지 않습니까? 게다가……."

비무장지대에는 많은 지뢰가 묻혀 있다고 했다. 튼튼한 철망에 의해 가로막혀 있기도 하다.

"그래, 휴전선은 안 되나……. 후우……."

일생을 걸고 호랑이와 표범의 전통문화를 지켜 온 자의 탄식이 깊어져 갔다.

"내가 고리타분한 걸까. 미국의 최고학부에서 공부를 했지만 내 고향은 북한의 벽촌이지. 그래서 늘 아버지가 말씀하신 '정직하게 살아라'라는 가르침을 계속 잊지 않고 살아왔어……. 하지만 고속도로가 놓이고, 호랑이는 멸종하고, 마을에서는 신앙이 사라졌지. 선조 대대로 지켜 오던 것들이 모두 없어져 가는데 무엇이 남는단 말인가……."

"……."

"인심도 삭막해졌지. 가엾은 표범……. 산신령의 심부름꾼이 살아서는 안 되는 세상이라니……. 이것이 운명이라는 것일까……. 난 받아들일 수 없어, 용서할 수 없어."

나는 눈을 깜박였다.

"휴전선 북쪽의 사정은 다르지 않을까요?"

김일성의 독재 정치하에 있는 북한의 자연에 대한 것은 알려진 바가 없었다.

"'한반도의 생태계를 더 이상 파괴해선 안 돼'라는 주장이야 말로 소중한 것이죠."

위로해 보았지만, 관장의 술은 끊길 기미조차 보이지 않았다.

다른 손님들은 이미 자리를 뜬 상태여서 여자들이 뒷정리를 마치고 이쪽을 힐끔거렸다. 나는 머리를 숙였다.

"잘 알았습니다, 조 관장님. 자, 마지막으로 건배하죠."

그러나 관장은 꿈쩍도 하지 않았다. 마지막이라고 하자, 마치 호랑이처럼 크게 울부짖었다.

"잘 놈은 어서 가서 자 버려!"

심장 수술을 한 관장의 몸이 염려되어,

"나머지는 내일 밤 이야기합시다."

하고 구슬려 보았지만 덩치 큰 남자는 듣지 않았다.

옆에 있는 사람이 일본인이었기 때문에 더 사나워졌는지도 모르겠다. 여자들이 나에게 눈치를 주며 이제 그만 자리를 비워 달라는 눈빛을 보냈다. 할 수 없이 나는 먼저 방으로 돌아와 기진맥진한 상태로 잠자리에 들었다.

그날 밤, 조 관장은 나와 같은 방을 쓰기로 되어 있었지만 아침이 와도 옆자리의 이불은 그대로였다. 방에는 코트와 서류 케이스만이 남아 있었다.

아침이 되어 프런트에 물어보니, 조관장은 어젯밤 늦게 술과 잔을 손에 든 채 차를 끌고 나갔다고 했다.

"어디 마시러 가신 거겠죠."

프런트에서 태평한 대답이 들려왔다. 아침 식사를 마치고 로비에서 기다려 보았지만 관장이 언제 돌아올지 알 수 없는 일이었다.

호랑이 나라의 걸물(傑物)은 나에게 귀중한 비화를 알려 주고는 연기처럼 사라져 버렸다.

'어젯밤에 끝까지 옆에서 지켜봐야 했는데……'라는 후회가 들었다. 어쩔 수 없이 식대와 숙박료를 지불하고 관장의 짐을 프런트에 맡긴 후, 호텔을 나섰다.

그날 밤 서울로 돌아와 보은에 있는 관장의 부인에게 전화를 걸었지만 조 관장은 아직이라는 대답뿐이었다.

"며칠 동안 집을 나가서 돌아오지 않는 경우가 종종 있어요. 요즘 왠지 크게 취하는 일도 많아지고……. 그 사람은 손익 같은 작은 것에는 연연하지 않거든요."

"……."

"그래도 엔도 씨, 걱정하지 않으셔도 돼요. 반드시 돌아올 테니까요."

"그렇습니까……. 그런데 조자용 관장님은 술을 갖고 어디로 가신 걸까요?"

전날의 일에 대해 이야기하자, 부인이 조용한 어조로 대답했다.

"그 사람은……. 표범의 죽음을 애도하려고 어딘가의 언덕에서 장례를 치르며 경야(經夜)하고 있을 거예요."

나는 숙연함에 움직일 수조차 없었다.

2000년 1월 30일, 대전 엑스포 공원에서는 조자용 관장의 민화 전시회가 개최 중이었고 그는 전시회장에서 심근경색으로 유명을 달리하였다. 평생을 바쳐 민화를 수집하고 알리는 데 힘을 쓴, 한국 민화를 새로 알린 그다운 죽음이었다. 역시 그는 당대 최고의 기인이라 할지다.

덧붙이는 말

오도산과 대전리에서 표범이 잡힌 지 50년이라는 세월이 흘렀지만 그 사이에 한국에서 표범이 발견된 적은 없었다. 그런 까닭에 유감스럽지만 한국의 표범은 이 두 마리가 마지막일 거라는 생각이 든다.

북한의 표범은 알아본 바에 의하면, 평양에 있는 김일성대학 박물관에 한국전쟁 후 포획된 표범 박제가 한 점 있다고 들은 것이 끝이다. 이것은 서울의 원병오 박사가 현지를 방문해 확인해 주었다. 그러나 북한에서의 서식 여부는 호랑이를 포함해 불명이었다.

그렇다면 중국과 국경을 접한 장백산(백두산)은 어떨까? 2004년 5월, 백두산의 서쪽인 중국 동북부 길림성에 들어가 보았다. 길림성의 동쪽은 러시아령으로 이어져 있고 이곳에는 장백산 자연보호구가 위치한다.

자연보호구인 장백산의 서쪽 일대에는 신갈나무에 홍송이 섞여 아름다운 원시림이 남아 있었다. 그러나 예전에는 많은 수가 살고 있었을 고라니, 사슴, 노루나 늑대 같은 동물은 찾아볼 수 없었다. 다만 약초로 쓰이는 인삼 재배지가 원시림 안 여기저기에 퍼져 있었다.

중국에서는 거대한 개발이 시작되고 있다. 1980년대에는 장백산의 산정 가까이에 버스 도로가 생겼고, 많은 관광객들이 정상에 있는 신비한 호수ー천지ー를 보기 위해 방문한다.

장백산 등산로 입구의 이도백하 거리에는 장백산 국가급 자연보호구 연구소와 박물관이 있다. 이곳에는 1980년에 포획된 한 마리의 표범 박제가 있는데, 이것은 장백산이 아니라 멀리 훈춘시(珲春市)의 러시아 국경 근처에서 중국 주민의 함정에 의해 밀렵된 것이라고 한다.

같은 연구소의 말에 따르면, 장백산의 중국 쪽 영토 눈 위를 1997년부터 매년 조사하고 있지만 호랑이나 표범의 발자국은 발견된 것이 없다고 한다. 장백산 일대에는 북한과의 사이에 울타리가 없기 때문에 혹시 북한에 호랑이나 표범이 있다면 국경을 넘어 중국으로 건너온 발자국이 찍혀 있어도 이상하지 않을 것이다. 그런 이유로 연구원은 장백산맥 북한 측과 중국 측에서 호랑이와 표범이 멸종했을 거라는 이야기를 했다.

2009년 12월, 서울대학교 수의과대학에서 열린 국제적인 호랑이 심포지엄에 초대받아, '한국 호랑이는 왜 사라졌는가?'를 주제로 강연했다.

북한과 러시아의 국경이 접하고 있는 길림성 북동부의 훈춘 자연보호구에는 야생 호랑이가 아직 여러 마리 남아 있다. 그래서 2010년 4월에 훈춘자연보호구와 관리소를 찾아갔다. 그곳에서 나는 국경을 흐르는 두만강과 철도가 깔린 하구를 볼 수 있었다. 중국 측에는 커다란 관광지가 몇 곳이나 세워져 교통량이 증가한 상태였다. 훈춘의 호랑이가 장백산으로 가는 것은 이제 불가능할 거라고 했다.

지금까지 한국은 빠르게 개발되어 왔다. 서해안의 광대한 갯벌을 메워 아시아 최대의 인천국제공항을 세웠고, 곳곳에 공업단지를 건설해 고속도로를 연결했다. 이제 한국은 텔레비전과 휴대전화, 자동차를 전 세계에 판매하는 선진공업국가의 반열에 들어서서 많은 상품을 쏟아내고 있다.

오도산 정상의 레이더 기지는 철거되었고, 현재는 그곳에 KT의 무인중계소가 설치되어 있으며 휴일에는 많은 등산객이 산꼭대기를 오르며 조망을 즐길 수 있게 되었다. 그러나 이 산에서 1962년에 표범이 잡혔다는 사실을 아는 사람은 거의 없다. 오도산에 기념비를 세우고 자연이 영원하기를 기도하는 건 어떨까? 이와 마찬가지로 대전리에도 기념할 수 있는 것을 건립했으면 하는 소망이 있다.

마지막으로 조자용 관장에 대한 깊은 애도와 가회박물관 윤열수 관장에게 깊은 감사를 드린다.

옮긴이의 글

  2011년 3월 11일 당시 오사카 대학교에서 있었던 나는 아이러니하게도 한국에 있는 가족의 전화를 받고 일본의 쓰나미 소식을 들었다. 그러던 중 쓰나미 피해가 제일 큰 곳이 이와테현(岩手県)의 미야코(宮古)라는 방송을 듣고 가슴이 철렁 내려앉았다. 미야코라면 엔도 키미오(遠藤公男) 선생님께서 계신 곳이 아니던가? 전화번호를 몰랐던 터라 항상 연락하던 이메일로 연락을 취했으나 답이 없었고, 마음은 타 들어갔다. 그리고 열흘 정도 지나자 연락이 왔다. 다행히도 무사하다는 메일이었다.

  엔도 선생님을 알게 된 계기는 서울대학교 이항 교수님의 부탁으로 일본 박물관에 있는 한국 호랑이 두개골의 일본인 소유자의 소재를 찾기 시작하면서였다. 그 과정에 우연히 『한국 호랑이는 왜 사라졌는가?』라는 일본어로 된 책을 구하게 되었다. 흥미 있는 내용에 엔도 선생님에게 책에 쓰여 있는 옛날 주소로 편지를 보냈더니 놀랍게도 답장이 왔다. 그리고 그 책을 이항 교수님의 제의로 번역, 출판하게 되어 엔도 선생님과의 본격적인 인연이 시작되었다.

그럼, 엔도 키미오라는 사람은 어떤 사람일까? 간단히 소개를 하면, 1933년 일본 동북지방의 한 작은 마을에서 중학교 미술교사를 하던 아버지와 어머니 사이에서 태어났다. 천성적으로 동물을 좋아했으며 산촌에 있는 작은 분교의 초등학교 임시 교사로 근무했다. 그곳의 숲에 살고 있는 박쥐를 시작으로 동물학을 취미로 공부하게 되었다. 이어 박쥐 3종과 북해도의 들쥐 신종을 발견했고 이와테 현에서 검독수리의 번식 등을 발견했다. 이를 계기로 한국의 조류학자 원병오 박사와 친교를 맺게 되었고 39세에 자전적인 소설 『원생림의 박쥐』가 베스트셀러가 되면서 고향의 산과 바다를 다시 돌아보게 되었다. 그러나 이미 고향의 자연은 황폐해져 있었고 야생조류와 동물들은 그 수가 격감하고 있었다. 이에 41세에 작가로 전향하면서 사라져가는 동물들에게 남은 인생을 걸기로 했다. 현재는 고향 미야코에서 야생동식물 보호 활동과 강연 등을 하며 바쁜 나날을 보내고 있다.

올해 6월에 미야코에서 엔도 선생님을 뵈었다. 쓰나미가 할퀴고 간 흔적이 2년이나 지났지만 부서진 방파제와 집들이 그대로 남아 있어 마음을 아프게 했다. 그러나 고향의 자연을 지키는 파수꾼 역할을 왕성히 하고 계시는 엔도 선생님에게는 희망을 보였다. 그래서 『한국의 마지막 표범』이라는 작품도 나올 수 있었던 것이 아닐까 한다.

'이제 책이 나오는구나'라고 하시며 외할머니처럼 반갑게 맞이해 주신 가야마을의 박순영 할머니, 허점선 할머니에게 깊은 감사를 드린다. 그리고 여러모로 도와주신 가회박물관의 윤열수 관장님께도 깊은 감사를 드린다. 서울대학교의 이항 교수님과 천명선 박사님, 같이 번역을 맡아서 해 준 정유진 선생님과 원고작성에 도움을 준 야생동물유전자원은행 연구원들에게도 감사를 드린다. 마지막으로 점선 할머니께서 하신 말씀이 생각난다. '표범은 산신령이야, 산신령.'

2013년 10월의 단풍이 들기 시작하는 날 서울대 연구실에서
이은옥

감수자의 글

　한국인의 호랑이 사랑을 시각화한 것이 민화 호랑이 그림이다.

　엔도 키미오 선생이 『한국의 마지막 표범』에서 조자용 선생을 "호랑이 그림에 빛을 비춘 인물"이라 했듯이 그는 호랑이 그림에 무한한 애정을 쏟은 사람이다.

　조자용 선생이 비춘 빛을 통해 세상에 알려진 '피카소호랑이', '까치호랑이' 그림들은 민화가 가지는 회화적 가치뿐 아니라 한국인들의 호랑이에 대한 감성이 얼마나 풍부하고 다양한지를 단적으로 드러내고 있다.

　엔도 선생이 그와 함께 호랑이의 흔적을 찾아 나선 여정에서 풀어놓은 이야기를 통해 우리는 조자용 선생의 호랑이에 대한 사랑의 원천이 고향과 아버지에 대한 추억과 산신령에 대한 믿음에 기인한다는 것을 알게 되었다.

　이러한 추억과 믿음은 비록 조자용 선생뿐 아니라 우리 하나하나의 마음속에도 깃들어 있다고 생각한다. 그래서 한국인들은 그토록 다양하고 멋진 호랑이 그림을 그려낼 수 있지 않앉을까?

조자용 선생은 우리에게 친근하고도 익살스러운 모습의 호랑이 그림에 눈을 뜨게 해주셨다. 이 책을 통해 조자용이라는 한 시대의 걸물을 재조명하는 계기가 마련된 것에 감사한다.

2013년 12월

가회민화박물관장

윤열수

기획 후기

   호랑이해 2010년을 앞둔 12월, 엔도 키미오 선생님의 또 다른 저서 『한국호랑이는 왜 사라졌는가?』가 출판되었다. 출판기념회를 겸하고, 2010년 호랑이해를 기념하기 위한 국제융합학술대회 "호랑이의 삶, 인간의 삶"이 2009년 12월 15일에 국립민속박물관에서 있었다. 이 학술대회에 엔도 선생님도 참여하여 "한반도의 호랑이는 왜 사라졌을까"라는 주제로 강연을 해주셨다. 그 자리에서 엔도 선생님은 한국의 마지막 표범에 관한 글도 쓰고 계시다고 말씀하셨고, 가능하다면 표범에 관한 글도 한국어로 번역되었으면 한다는 뜻을 밝히셨다.

   『한국호랑이는 왜 사라졌는가?』를 번역한 이은옥 박사가 계속 엔도 선생님과 연락을 하면서, "한국의 마지막 표범" 원고가 완성되면 다시 번역을 맡기로 하였다. 그러던 중 2011년 3월 11일, 일본 미야기 현 센다이 동쪽 해역에서 큰 지진이 발생했고, 이로 인한 쓰나미와 후쿠시마 원전사고로 인한 피해는 우리가 익히 알고 있는 바이다. 엔도 선생님의 고향인 이와테

현 미야코 시도 지진 지역에서 멀지 않은 곳이라 이곳 역시 쓰나미의 공격을 피해가지 못하였다. 이은옥 박사를 통해 엔도 선생님과 연락을 해보려 하였으나 연락이 되지 않아 애를 태우던 중 엔도 선생님의 오랜 친구이신 원병오 박사님을 통해, 엔도 선생님의 집이 비록 쓰나미 피해를 입기는 했지만 엔도 선생님 부부는 무사하시다는 소식을 듣고 비로소 안도하였던 기억이 난다.

이후에도 엔도 선생님은 어려운 여건에서도 집필을 계속하셨고, 마침내 2013년 초에 완성된 원고를 인수받아 번역에 착수할 수 있었다. 초벌 번역은 한국야생동물유전자원은행의 정유진 선생이 맡았고, 이은옥 박사가 최종 번역 작업을 수행했다. 사진 등 관련 자료 수집을 박사과정에 있는 현지연 선생이 도와주었고, 교정을 위해 여러 학생들이 힘을 보탰다. 사진 등 자료 수집과 엔도 선생님과의 연락을 위한 여비를 한국연구재단의 학제간 융합연구과제 "인간동물문화연구"에서 지원받았다. 또한 (사)한국범보전기금의 조장혁·김영준 선생, 국립환경과학원의 최태영 박사, 인간동물문화연구회의 천명선 박사, 그리고 가회민화박물관의 윤열수 관장님이 감수를 보아 주었다. 많은 분들의 도움에 힘입어 결국 『한국의 마지막 표범』이 세상에 나오게 되었다. 엔도 선생님을 비롯하여, 그동안 도움을 주신 모든 분들께 이 자리를 통해 고마움의 인사를 드린다. 지난번 『한국호랑이는 왜 사라졌는가?』는 일본어판이 1986년에 먼저 나오고 한국어판이 2009년에 나왔던 것에 비해, 이번 "표범" 책은 원문이 일본어임에도 불구하고 일본어판보다 한국어판이 먼저 나오게 된 점이 이례적이다.

이 두 권의 책을 기획하고 출판함으로, 한반도에서 사라져 간 호랑이와 표범을 위한 진혼곡의 서곡 부분이 겨우 마무리되었다고 생각한다. 아직도 밝혀지지 않은 많은 부분은 관심 있는 한국인 연구자에 의해 후속 연구가 이루어지기를 기대한다.

잊힌 한반도의 동물,

호랑이와 표범이 스러져 간 쓰라린 이야기.

이들의 슬픈 역사가 한국인이 아닌 일본인에 의해 수집되고 기록되어야 한다는 것도 어찌 보면 무척이나 안타까운 일이지만, 사실 야생의 동물들에게 무슨 국적이 있고 국경이 있으랴. 엔도 선생님은 국경에 상관없이 야생을 사랑하고 사라져 가는 것들에 끝없는 연민의 정을 가지신 분이다. 일본인이지만 오랫동안 한국의 자연과 야생동물에 관심을 갖고 자주 한국을 방문하면서 연구와 집필 생활을 꾸준히 해오셨다.

엔도 선생님이 쓰신 한국에 관한 글 중에는 『아리랑의 파랑새』라는 책이 있다. 이 책은 엔도 선생님의 오랜 친구인 원병오 박사와 그의 부친 원홍구 박사 부자 사이에 있었던 가슴 뭉클한 사연이 들어 있다. 원병오·원홍구 박사 부자는 각각 남한과 북한을 대표하는 조류학자이다. 이 부자는 한국전쟁으로 인해 이산가족이 된 이후로도 각자 남과 북에서 새를 연구해 왔다. 그러던 어느 날, 남쪽의 원 박사가 철새 이동 경로를 추적하기 위해 쇠찌르레기 다리에 달려 보낸 가락지가 우연히도 북쪽의 아버지 원 박사에게 발견되었고, 이 철새 가락지를 통해 남북의 부자가 연락을 하게 되었다는 실화를 엔도 선생님이 책에 담은 것으로, 한 동물학자 이산가족이 겪은 뼈저린 분단의 아픔을 담고 있다. 엔도 선생님은 이 책도 한국 분들에게 소개하고 싶어 하셨다. 결국 정유진·이은옥 선생이 나섰고, 지금 번역이 진행 중이다. 내년 중에는 독자들이 한글로 읽을 수 있게 될 것으로 기대한다.

『한국의 마지막 표범』의 주인공, 한국표범은 지금 어떻게 되어 있을까, 한국표범은 과연 이 지구상에서 완전히 사라진 것일까? 아니면 남한이나 북한 어디엔가, 사람 눈에 띄지 않는 곳에 숨어 지내고 있는 것은 아닐까?

엔도 선생님이 이 책에서 언급한 남한의 마지막 표범들에 관한 기록들 이외에도 표범의 존재에 대한 흔적이나 목격담은 심심치 않게 이어져 왔다. 그러나 그 대부분은 명확한 증거가 없는 것이었다. 가장 최근에는 2013년 4월 10일, 강원도 원주 부근 섬강에서 표범 발자국이 발견되었다는 언론보도가 있었다. 그러나 이 발자국이 실제 표범의 것인지에 대해서는 많은 논란이 있었으며, 다수의 야생동물 전문가들은 수달의 것을 오인한 것으로 보고 있다. 그럼에도 불구하고 일부 전문가들은 아직도 남한 어디엔가 사람과의 접촉을 극도로 피하면서 살아가고 있는 표범 몇 개체가 생존해 있을 가능성이 있다고 추정하고 있다.

북한의 상황은 어떠할까. UNESCO의 지원을 받아 북한 과학원 MAB 민족위원회가 2002년도에 발간한 공식자료인 『우리나라 위기 및 희귀동물』(척추동물 붉은자료집, Red Data Book of DPRK)의 57쪽에는 다음과 같이 되어 있다: "표범은 제한된 높은 산 지대에 살고 있다. 주로 라선시, 함경북도 무산, 함경남도 단천·허천 일대와 요덕, 평안북도 천마·의주, 평안남도 맹산·양덕, 자강도 희천·송원, 강원도 고산 일대에 극히 드물게 분포되어 있다." 그러나 북한의 황폐화된 산림과 먹이동물 사정을 고려할 때, 설사 소수의 개체들이 남아 있다 할지라도 의미 있는 수준은 아닐 것으로 판단된다.

역사적으로 한국표범(아무르표범, 극동표범Panthera pardus orientalis)은 한반도를 중심으로 중국 동북부와 러시아 연해주 남부에 이르는 곳까지 분포했었다. 중국과 러시아의 아무르표범도 한반도의 표범과 비슷한 운명을 겪었지만, 그중에서 매우 작지만 의미 있는 개체군이 아직까지 극동러시아 연해주 남서말단 지역에 남아 있다. 이 지역은 러시아와 중국의 접경 지역이면서 두만강 하류를 사이에 두고 북한과도 접해 있다. 2013년 4월에 발표된 자료에 의하면 이 개체군의 크기는 약 50개체로 추정된다. 비록 이 숫자가 2007년도에 조사된 27~34마리보다는 상당히 늘어난 것이기는 하지만, 러시아·중국·북한 접경 지역의 한국표범은 여전히 극도의 멸종위기에 처해 있다.

이 잔존 개체군을 위협하는 주 요인들은 다음과 같다: 1) 표범과 그 먹이동물에 대한 밀렵과 과도한 수렵, 2) 벌목과 산불에 의한 서식지 손실, 3) 표범 서식지에 도로, 가스 파이프라인과 같은 기반시설 건설과 개발, 4) 표범의 먹이 역할을 하던 사슴 농장의 폐쇄, 5) 야생동물 보호를 위한 법 집행의 약화, 6) 증가하는 근친퇴화 현상과 질병.

전 세계에서 가장 위급하게 멸종위기에 처한 이 한국표범 개체군을 멸종으로부터 구출하기 위해 국제사회는 커다란 노력을 기울이고 있다. 비정부기구(NGO) 차원에서는 러시아와 국제적인 민간 동물 보호단체들이 힘을 합해 Amur Leopard and Tiger Alliance (ALTA)라는 연합기구를 결성하여 협력하고 있다 (웹사이트: http://www.altaconservation.org/).

2012년 4월 9일, 이 지역의 아무르표범 보전에 있어 새로운 전기가 마련되었다. 러시아 정부가 아무르표범을 보호, 보전하기 위한 "표범의 땅 국립공원(Land of the Leopard National Park)" 설립을 공식 발표한 것이다. 이 새로운 국립공원은 러시아에서 단 한 종의 야생동물을 위해 설립된 유일한 국립공원이다. 이전에 존재하던 케드로바야 자연보호구, 바르소니 연방 야생동물보호구, 보리소브코 고원지역 야생동물보호구, 이 세 곳의 자연보호구역을 통합하고 중국과의 접경지대에 있는 표범 주요 서식지를 더해서 2,620km^2(경기도 면적의 약 1/4)에 달하는 지역을 표범의 보전을 주목적으로 하는 국립공원으로 지정한 것이다. "표범의 땅 국립공원"은 한국표범 보전에 있어 획기적 전기가 될 것으로 기대된다. 특히 이 지역이 우리에게 중요한 이유는 이곳의 남쪽 한계가 두만강 하류와 접해 있고 북한과 맞닿아 있어, 향후 북한 지역으로 표범 서식지 확장이 이루어지기 위한 기반 역할을 할 수 있을 것이라 기대되기 때문이다.

이렇게 한국표범의 보전을 위한 필사적인 노력에도 한국표범은 여전히 극도의 멸종위기에 처해 있다. 좁은 지역에 40~50마리만이 살아남아 있고 여전히 밀렵이 자행되고 있으며 인간에 의한 개발이 진행 중에 있다. 이곳은 중국이 동해로 나갈 수 있는 유일한 통로이자, 또한 한반도에서 러시아로 들어가는 통로가 된다. 최근 북한 나진-러시아 하산 간 철도가 개통됨으로 인해 북한·러시아·중국·한국 모두에 대륙 및 해양 진출을 위한 중요한 요충지가 되었다. 이에 따라 이 지역의 경제개발과 철도, 도로, 송유관 등 산업 인프라 구축에 국제적 관심이 집중되고 있고, 표범 서식지가 더욱 위협을 받는 요인이 되고 있다.

이러한 절대적 위기 상황을 타개하기 위한 새로운 구상이 제안되었는데, 이것이 아무르표범 재도입 계획(Amur Leopard Reintroduction Program)이다. 오직 하나만 존재하는 대형 맹수류 개체군은 불확실한 위협 요인들로 인해 언제라도 쉽게 멸종으로 이어질 수 있기 때문에, 이에 대한 안전장치로서 독립적인 또 하나의 새로운 개체군을 확립해 두자는 것이다. 이 구상의 실현을 위해 잠재적 표범 서식지에 대한 세밀한 조사와 분석, 그리고 재도입과 관련된 여러 생물학적, 유전적, 사회·경제적, 수의학적 요인에 대한 점검이 이루어졌다. 분석 결과에 따라 과학자들은 극동러시아 남부 연해주의 표범 옛 서식지 내에 있는 라조 자연보호구를 최적의 표범 일차 재도입 후보지로 결론을 내렸다.

재도입을 위한 원천 개체군은 야생이 아닌 유럽과 미국의 동물원에서 사육된 한국표범 개체들을 활용할 계획이다. 물론, 동물원에서 태어난 표범을 바로 야생에 방생할 수는 없다. 대신, 동물원의 사육 표범 중 건강한 암수 한 쌍을 울타리가 쳐진 넓은 8자형 방사장에 방사를 하고, 이 안에서 표범의 새끼가 태어나도록 한다. 이 새끼는 사람과의 접촉이 완벽히 차단된 상태에서 어미가 양육하도록 하되, 새끼가 사냥을 시작할 때쯤 살아 있는 먹이동물을 공급하여 야생에서의 사냥 훈련을 시키게 된다. 이 야생화 훈련 후, 부모는 회수되고 2세 표범은 점진적으로 야생으로 방생되는 것이다. 이 계획은 더욱 철저한 검토 후 예산이 확보되는 대로 시행될 예정이다(참고자료: http://www.altaconservation.org/amur-leopard/amur-leopard-reintroduction/).

이러한 일련의 아무르표범 보전과 복원을 위한 국제적 움직임은 우리에게 시사하는 바가 매우 크다.

우선, 이 표범들이 비록 지금 러시아 땅에 살고 있지만, 그 혈통은 "한국표범"이라는 점을 인식할 필요가 있다. 한반도에 살았던 호랑이와 러시아의 "아무르호랑이(시베리아호랑이)"가 같은 혈통인 것처럼, 아무르표범과 한국표범은 같은 혈통이며 같은 아종이다. 그러므로 비록 이들이 지금은 한반도에서 살 곳을 잃어 러시아, 중국, 북한의 접경 지역에서 겨우 살아가고 있지만, 우리 한국인이 잊지 않고 관심을 갖고 돌보아 주어야 할 동물들이다. 더구나 지금 표범이 살고 있는 땅은 우리 한민족의 오랜 활동무대였던 고구려, 발해의 땅이고 구한말과 일제 강점기 우리 조상들이 개척했던 땅이다. 또한 앞서 언급한 바와 같이, 향후 이 표범 개체군의 서식 범위는 바로 북한으로 확장될 잠재력을 지니고 있다. 즉, 북한 지역의 서식지 환경이 개선된다면 표범이 북한 지역에 다시 서식 영역을 확립할 가능성이 있고, 그렇게 되면 우리는 통일 후 야생의 한국표범을 다시 볼 수 있게 될 것이다.

그러므로 현재 러시아·중국·북한 접경지역의 표범 개체군이 사라지지 않도록 한국과 한국인은 관심을 가져야 할 것이다. 나아가 북한의 자연환경과 산림 및 야생동물 서식지가 회복되어 북한 지역에 표범 개체들이 다시 들어올 수 있도록 환경을 조성하는 일에도 주의를 기울여야 할 것이다.

한편, 환경부의 지원으로 (사)한국범보전기금이 수행한 "한국의 호랑이 문화와 복원 가능성 기초연구" 과제의 최종보고서

(2013. 4월)에서는 가까운 시일 안에 남한에서 호랑이의 야생 복원을 추진할 수 있는 가능성이 거의 없다고 판단하였다. 반면, 남한의 강원도 북부와 DMZ 부근 민통선 일대에 한국표범이 서식할 가능성이 있는 잠재적 서식지가 존재하는지 여부에 대해 면밀히 검토해 볼 것을 제안하였다.

이 제안의 근거 중 하나는, 표범은 호랑이보다는 훨씬 그 크기가 작기 때문에 먹이 요구량이 작고 따라서 호랑이처럼 넓은 서식영역이 필요치 않을 것이며, 러시아에서의 연구 결과는 표범 개체들이 호랑이처럼 뚜렷한 배타적 서식 영역을 가지지 않고 어느 정도 중복되는 영역을 가지고 있을 가능성을 보여주고 있다는 점이다. 어쩌면 DMZ 일대에 회복된 멧돼지·고라니·너구리 등의 동물은 표범의 먹이동물로서 충분한 역할을 할 수도 있을 것이다. 만일 러시아에서의 아무르표범 재도입 계획이 성공한다면, 남한에서의 표범 재도입 구상도 그 실현 가능성이 더 커질 것이다. 러시아에서의 재도입 계획 수립을 위해 수행되었던 서식지 분석 방법을 남한에서도 재도입 가능성을 검토하기 위해 응용할 수 있을 것이다,

어쩌면 한 세대 안에 한국표범을 다시 보게 될 날이 오는 것은 어려운 일이 될지도 모른다. 그러나 러시아에 살아남은 한국표범이 언젠가 한반도로 되돌아올 날을 꿈꾸는 것은 적어도 허황된 일만은 아닌 것으로 보인다. 언젠가 훗날 한국표범이 한반도에 복원되고 나서, 엔도 선생님의 정신을 이어받은 한국인 누군가가 "한국표범의 귀환"이라는 제목으로 책을 쓰게

될 날이 반드시 올 것이라 믿는다.

"꿈꾸는 자만이 꿈을 이룰 수 있다!"

2013년 12월

이 항

(사)한국범보전기금 대표

한국야생동물유전자원은행 대표

인간동물문화연구회 회장

서울대학교 수의과대학 교수

※ 한국표범과 한국호랑이 보전과 복원 노력에 관한 더 많은 정보는 (사)한국범보전기금 홈페이지에서 얻을 수 있다:

http://www.koreantiger.co.kr/

http://한국범.한국/

엔도 키미오

1933년 이와테 현(岩手県) 출생. 현립(県立) 이치노세키 다이이치(一関第一) 고등학교를 졸업했다. 이와테 현 산간부의 분교에서 교원 생활을 하였고, 현재는 야생동물의 생태 연구를 하면서 논픽션 동물문학 집필을 위해 아시아를 돌아다니고 있다. 일본 야조회(日本野鳥會)의 미야코(宮古) 지부장을 역임했다.

저서로는『원생림의 박쥐』,『돌아오지 않는 참수리』(일본 아동문학인협회 신인상, 주니어 논픽션문학상 수상),『꿩의 생활』,『곰 사냥으로의 초대』,『검독수리와 소년』,『개똥지빠귀의 황야』(일본 아동문예가협회상 수상),『아리랑의 파랑새』등이 있다.

이은옥

경북 문경 출생. 동경농공대학교에서「큰부리까마귀의 날개 구조색」으로 박사학위를 받고, 서울대학교 수의과대학에서 박사후연구원으로 재직 중이다. (사)한국조류학회 이사를 역임했다. 번역서로는『한국 호랑이는 왜 사라졌는가?』가 있다.

정유진

경기도 수원 출생. 성신여자대학교에서 생물학을 전공하고, 일어일문학을 부전공하였다. 현재 서울대학교 수의과대학에 소재한 한국야생동물유전자원은행(Conservation Genome Resource Bank for Korean Wildlife)에서 연구원으로 재직 중이다.

한국의 마지막 표범

초 판 인 쇄 | 2014년 1월 3일
초 판 발 행 | 2014년 1월 3일

지 은 이 | 엔도 키미오
옮 긴 이 | 이은옥·정유진
펴 낸 이 | 채종준
펴 낸 곳 | 한국학술정보㈜
주　　　소 | 경기도 파주시 문발동 파주출판문화정보산업단지 513-5
전　　　화 | 031) 908-3181(대표)
팩　　　스 | 031) 908-3189
홈 페 이 지 | http://ebook.kstudy.com
E-mail | 출판사업부　publish@kstudy.com
등　　　록 | 제일산-115호(2000. 6. 19)

ISBN　　　978-89-268-5444-0　03490

어담 _book_ 는 한국학술정보(주)의 지식실용서 브랜드입니다.